高等院校"十三五"规划教材

CAD/CAE技术应用

何 玲 杨观赐 章 杰 何康佳 编著

U0287029

扫码加入读者圈 轻松解决重难点

 南京大学出版社

图书在版编目(CIP)数据

CAD/CAE 技术应用 / 何玲等编著. — 南京:南京大
学出版社,2019.12
ISBN 978 - 7 - 305 - 22355 - 6

Ⅰ. ①C… Ⅱ. ①何… Ⅲ. ① 计算机辅助设计—应用
软件 ② 计算机辅助制造—应用软件 Ⅳ. ①TP391.7

中国版本图书馆 CIP 数据核字(2019)第 119511 号

出版发行　南京大学出版社
社　　址　南京市汉口路 22 号　　　　　　邮　编　210093
出 版 人　金鑫荣

书　　名　CAD/CAE 技术应用
编　　著　何　玲　杨观赐　章　杰　何康佳
责任编辑　吴　华　　　　　　　　编辑热线　025 - 83596997

照　　排　南京理工大学资产经营有限公司
印　　刷　南京京新印刷有限公司
开　　本　787×1092　1/16　印张 11.75　字数 279 千
版　　次　2019 年 12 月第 1 版　2019 年 12 月第 1 次印刷
ISBN 978 - 7 - 305 - 22355 - 6
定　　价　34.00 元

网　　址:http://www.njupco.com
官方微博:http://weibo.com/njupco
微信服务号:njuyuexue
销售咨询热线:(025)83594756

☞ 教师扫码可免费
申请教学资源

作者简介

　　1975 年生于北京，2011 年博士毕业于南京理工大学机械工程专业，长期从事机械 CAE 技术理论与应用研究和教学。现任贵州大学副教授、硕士生导师。近年来，主持及参与国家级和省级项目 6 项，发表论文 30 余篇，获得国家发明专利 6 项。自 2012 年起一直担任"CAD/CAM 技术及应用"本科生课程主讲及"CAE 技术基础"硕士生课程主讲。

内容简介

随着世界经济不断发展,技术水平不断提高,CAD/CAE 技术在生产制造领域得到越来越广泛的应用。CAD/CAE 计算机辅助工程提供用于工程设计的计算和仿真平台,应用于航空航天、汽车、船舶等众多工程领域。CAD/CAE 技术在这些领域的大规模应用极大地缩短了产品设计周期,降低了产品研发成本,为企业带来了可观的经济效益。

通常情况下产品设计首先建立几何结构设计,随后进行刚体动力学分析,最后进行弹塑性多体动力学分析,这些工作现在都可以在计算机软件平台上完成。本书主要介绍几何建模软件 SolidWorks、系统动力学分析软件 ADAMS 和有限元分析软件 ABAQUS,旨在通过软件的学习使学生了解现代 CAD/CAE 技术在工程领域的实际应用。SolidWorks 作为三维 CAD 系统,具有易用、稳定和创新原则。本书介绍其零件和装配体建模功能,要求学生掌握零件体从平面到立体的成形过程,掌握从零件体到装配体的装配过程。ADAMS 是一种虚拟样机分析软件,已被全世界各行各业的制造商采用,占据了一半以上的市场份额,功能非常强大。在此仅就基本模块和后处理模块进行基本讲解,要求学生在软件平台实现机械系统的运动性能仿真分析。ABAQUS 是进行工程模拟的有限元软件,可模拟典型工程材料的性能,解决结构和其他工程领域的许多问题。这里要求学生掌握结构固体场问题,能够独立进行机构应力和位移问题的建模和分析。

本书通过介绍 CAD/CAE 技术的主要建模和分析工具,使学生在学习过程中掌握机构从设计到运动分析的技能,为学生的课程设计、毕业设计提供使用工具,锻炼学生解决工程实际问题的能力。教程可以作为理工科院校相关专业本科生和硕士生进行 CAD/CAE 实践的教材或参考书,也可以作为从事机械制造、能源、汽车、交通、造船、轻工等领域学科研究及产品开发的工程技术人员应用现代 CAD/CAE 技术的参考书。

前　言

CAD 最初出现时,是 Computer Aided Drafting（计算机辅助绘图）的缩写。随着计算机技术的不断发展,人们逐步认识到仅使用计算机绘图仍然不能被称为计算机辅助设计。真正的设计是整个产品的设计,它还包括产品的设想、设计、分析、加工等。于是 CAD 也由 Computer Aided Drafting 变化为 Computer Aided Design,CAD 不再仅仅是辅助绘图,而是整个产品的辅助设计。

在 CAE 中零件或机构的运动分析,一般需要在 CAD 中进行几何造型和装配。CAE 是计算机辅助工程（Computer Aided Engineering）的缩写。随着计算机技术的发展,可以在 CAE 平台上建立产品的虚拟样机,模拟对象的工况,进行工程过程的模拟仿真。在产品开发阶段,可应用 CAE 有效地对零件和产品进行仿真检测,确定产品和零件的相关技术参数,发现产品缺陷,优化产品设计,可极大降低产品开发成本。在产品维护检修阶段,能分析产品故障原因,分析质量因素等。有限单元分析法在 CAE 中运用很广,它的基本思想是将物体（即连续的求解域）离散成有限个单元的组合,用单元集合来模拟或逼近真实物体,从而将一个连续的无限自由度问题简化为离散的有限自由度问题。物体被离散后,通过对其中各个单元进行单元分析,最终得到对整个物体的分析结构。随着单元数目的增加,解的近似程度将不断增大并逼近真实情况。

本书分为 4 个章节,主要介绍 SolidWorks、ADAMS、ABAQUS 三种软件的建模和分析方法及应用基本技巧,在基本理论的基础上结合典型实例,力求通过深入浅出的讲解,使学生了解几何建模、运动分析和动力学分析的基本理论,掌握这些软件的基本操作。

由于作者水平有限,编写过程中难免出现疏漏之处,敬请各位专家学者及广大读者给予批评和指正。

编　者

2019 年 3 月

目　录

第 1 章　CAD/CAE 技术

CAD/CAE 技术主要以计算机和系统软件为基础,它包括三维几何结构设计、虚拟样机分析、有限元分析(FEA)及优化设计等内容。CAD/CAE 技术建立在计算机平台上,辅助设计人员进行设计及分析工作,其特点是将人的创造能力与计算机的高速运算能力、巨大存储能力和逻辑判断能力有机地结合起来。CAD/CAE 技术随着 Internet/Intranet 网络和并行高性能计算及事务处理的普及,使异地、协同、虚拟设计及实时仿真技术在生产实践中得到了广泛应用。

1.1　CAD/CAE 概述

20 世纪 50 至 60 年代 CAD 技术处于准备和酝酿时期,被动式的图形处理是这个阶段 CAD 技术的特征。60 年代 CAD 技术得到蓬勃发展并进入应用时期,这个阶段提出了计算机图形学、交互技术、分层存储符号的数据结构等新思想,从而为 CAD 技术的进一步发展和应用打下了理论基础。70 年代 CAD 技术进入广泛使用时期,1970 年美国 Applicon 公司首先推出了面向企业的 CAD 商业化系统。80 年代 CAD 技术进入迅猛发展时期,这个阶段的技术特征是 CAD 技术从大中企业向小企业扩展,从发达国家向发展中国家扩展,从用于产品设计发展到用于工程设计和工艺设计。90 年代以后 CAD 技术进入开放式、标准化、集成化和智能化的发展时期,CAD 技术具有良好的开放性,图形接口、功能日趋标准化。

计算机加视窗操作系统与工作站加操作系统在因特网的环境下构成 CAD 系统的主流工作平台,同时网络技术的发展使得 CAD/CAE 集成化体系终于摆脱了空间的约束,适应了现代企业的生产布局及生产管理的要求。在 CAD 系统中,正文、图形、图像、语音等多媒体技术和人工智能、专家系统等高新技术得到综合应用,大大提高了 CAD 自动化设计的能力,智能 CAD 也因此应运而生。智能 CAD 将工程数据库及管理系统、知识库及专家系统、拟人化用户界面管理系统集于一身。

CAD 体系结构大体可分为基础层、支撑层和应用层三个层次。基础层由计算机及外围设备和系统软件组成。随着网络的广泛使用,异地协同虚拟 CAD 环境将是 CAD 支撑层的主要发展趋势。应用层针对不同应用领域的需求,有各自的 CAD 专用软件来支援相应的 CAD 工作。

CAE 主要指用计算机对工程问题进行性能分析,对分析对象的运行情况进行模拟,及早发现设计缺陷,并证实未来工程、产品功能和性能的可用性与可靠性。CAE 软件是将迅速发展中的计算力学、计算数学、相关的工程科学、工程管理学与现代计算技术相结合而形成的一种综合性、知识密集型信息产品，可以解决实际工程实践中理论分析无法解决的复杂问题。

CAE 技术的研究始于 20 世纪 50 年代中期，CAE 软件出现于 70 年代初期，80 年代中期 CAE 软件在可用性、可靠性和计算效率上已基本成熟。目前，国际上知名的 CAE 软件有 MSC、Tass MADYMO、ANSYS、ABAQUS、ADINA 等。近年是 CAE 软件的商品化发展阶段，其理论和算法日趋成熟，已成为航空、航天、机械、土木结构等领域工程和产品结构分析中必不可少的数值计算工具，同时也是分析连续过程各类问题的一种重要手段。其功能、性能、前后处理能力、单元库、解法库、材料库，特别是用户界面和数据管理技术等方面都有了巨大的发展。前后处理是 CAE 软件实现与 CAD、CAM 等软件无缝集成的关键性组成部分，它们通过增设与相关软件（如 Pro/E、CATIA、NX 及 SolidWorks 等软件）的数据接口模块，实现有效的集成。通过增加面向行业的数据处理和优化算法模块，实现特定行业的有效应用。CAE 软件对工程和产品的分析、模拟能力，主要取决于单元库和材料库的丰富和完善程度。知名 CAE 软件的单元库一般都有百余种单元，并拥有一个比较完善的材料库，使其对工程和产品的物理、力学行为，具有较强的分析模拟能力。一个 CAE 软件的计算效率和计算结果的精度，主要取决于解法库。特别是在并行计算机环境下运行，先进高效的求解算法与常规的求解算法，在计算效率上可能有几倍、几十倍，甚至几百倍的差异。CAE 软件现已可以在超级并行机，分布式微机群，大、中、小、微各类计算机和各种操作系统平台上运行。目前国际先进的 CAE 软件已经可以对工程和产品进行如下的性能分析、预报及运行行为模拟。

（1）静力和拟静力的线性与非线性分析：包括对各种单一和复杂组合结构的弹性、弹塑性、塑性、蠕变、膨胀、几何大变形、大应变、疲劳、断裂、损伤，以及多体弹塑性接触在内的变形与应力应变分析。

（2）线性与非线性动力分析：包括交变荷载、爆炸冲击荷载、随机地震荷载以及各种运动荷载作用下的动力时程分析、振动模态分析、谐波响应分析、随机振动分析、屈曲与稳定性分析等。

（3）声场与波的传播计算：包括静态和动态声场及噪音计算，固体、流体和空气中波的传播分析，以及稳态与瞬态热分析（传导、对流和辐射状态下的热分析，相变分析等），静态和交变态的电磁场和电流分析（电磁场分析、电流分析、压电行为分析等），流体计算（常规的管内和外场的层流、端流等）等。

1.2　CAD 技术应用及发展

机械设计从 20 世纪中期出现了突破性的进展，人们从那时开始利用 CAD 技术进行有关的机械设计工作。这项技术经过二十年的发展与进步，已经逐渐趋向成熟。随着我国经济技术水平的不断提高，工业化进程的不断加深，制造业在我国国民生产总值中所占的比重越来越大，对各类机械零部件的要求也越来越高，因此，CAD 技术在我国越来越得到重视。在机械的设计以及制造领域都有着十分显著的应用，这项技术不仅可以将各类器械的设计制造期限有效地缩短，而且还很好地促进行业自身的进步与发展。

　　CAD 系统包含硬件和软件两部分,硬件系统主要由图形输入设备、图形输出设备、工程工作站、个人计算机等设备构成。软件系统主要由 CAD 软件和相关辅助模型构成。伴随计算机技术的高速发展,硬件系统已不再是制约 CAD 技术发展的瓶颈,目前能够影响其发展的却是 CAD 软件和相关辅助模型。CAD 软件主要可以划分为数据管理软件、应用软件和交互式图形显示软件这三种类型。现代智能化的 CAD 系统可以采用指定专业领域内的逻辑与符号技术,其不仅能够对特定领域内的设计过程进行模拟,并且能够解决单一专业领域内指定的问题,将各种专业技术结合起来综合运用在 CAD 技术之中,然后在计算机平台上综合各项数据进行分析、模拟和试验,最终做出最佳方案的决策,有效提高设计效率。

　　CAD 技术在机械产品设计过程之中的应用主要体现在零部件与装配图的实体生成、模具 CAD 的集成制造、CAD 技术多维绘图的应用、CAE 机械软件的应用等几个方面。其中,CAD 系统的运用更新了传统的设计手段与设计方法,很大程度上摆脱了传统设计过程中存在的不足与束缚,在设计观念上融入了现代设计的特点,进而促进了机械制造业的快速发展。

　　CAD 制图在机械产品设计中的应用主要体现在实体生成等方面,本文对其应用进行了具体的介绍与分析,其中实体生成领域主要体现在实体的建模方面。在机械产品的实体建模方面,通常可以用到的模型便是较为常见的球形、立方体等六种结构。对于零部件的三维实体模型的构建,在利用 CAD 技术时,只需要了解零件内部的各种结构,将其划分为不同的结构体,然后对相应的各个基本模型进行简单的三维实体构造,随后利用立体学以及各类布尔运算等将其进行拼接,以此形成相应的零部件,在机械零件的设计与生产中,不是某种单一的模型结构构造而成的,而是多种常见模型组合而成的。

　　模具 CAD 的集成制造伴随着现代化科技的不断进步,机械制造领域对速度的要求已经越来越高,各类新兴的机械技术层出不穷,由原来的单一普通设计机床逐渐地发展到多元化数控机床,从手工制图发展到了 CAD 软件制图,这一系列的发展与演变已经形成了机械产品制造领域的发展新方向。现阶段的机械产品新的发展方向已经由原来的单一模型设计发展到了统一模具设计,通过统一的模具设计,将各类机械产品中相同的部件由统一的模具进行设计生产,这在很大程度上提高了机械产品设计的效率,降低了设计成本。

　　CAD 技术多维绘图的应用由于机械产品自身的特点,使得在其产品设计过程中需要有大量的数据验算与处理,这一工作在传统的机械设计领域只能通过二维图形进行处理,在这种处理中一方面准确性难以保证,另外一方面也将耗费大量的时间与精力,不符合工业现代化的基本要求。在利用 CAD 绘图技术进行机械设计时,很大程度上降低了机械产品的各类数据计算与处理难度,提高了数据处理的准确性。在 CAD 多维绘图中,使用最多的便是交互式制图,它能够很好地实现各类基本图库的转化,具有很好的操作简便性与准确性。目前,常见的 CAD 软件有 SolidWorks、NX、Pro-E、AutoCAD、CATIA 等。

1.3　CAE 技术应用及发展

　　从 CAE 技术 20 世纪 60 年代初诞生至今,技术的发展已经历了半个世纪,在工业界的需求的牵引和软件、硬件技术发展的推动下,CAE 已经渗入到产品研发的各个环节,由辅助的验证工具转变为驱动产品创新的引擎。根据仿真对象、计算方法、物理场、应用行业等不同维度,CAE 技术可以细分出很多单元技术。在过去几十年的发展过程当中,诞生了很多解决特定行业、特定问题的 CAE 产品和专业厂商。

　　CAE 技术是一门涉及许多领域的多学科综合技术,其关键技术有计算机图形技术、三维实体造型、数据交换技术、工程数据管理技术、管理信息技术。工程设计项目和机械产品都是三维空间的形体。计算机图形技术是 CAE 系统的基础和主要组成部分。CAE 系统中的各个子系统、各个功能模块都是系统有机的组成部分。各种不同的 CAE 系统之间为了信息交换及资源共享的目的,需建立 CAE 系统软件均应遵守的数据交换规范。国际上通用的标准有 GKS、IGES、STEP 等。CAE 系统中生成的几何与拓扑数据,工程机械、工具的性能、数量、状态,原材料的性能、数量、存放地点和价格,工艺数据和施工规范等数据必须通过计算机存储、读取、处理和传送。这些数据的有效组织和管理是建造 CAE 系统的又一关键技术,是 CAE 系统集成的核心。采用数据库管理系统(DBMS)对所产生的数据进行管理是最好的技术手段。建立一个由人和计算机等组成的能进行信息收集、传输、加工、保存、维护和使用的管理信息系统,有效地利用信息控制企业活动是 CAE 系统具有战略意义、事关全局的一环。

　　作为 20 世纪中期兴起的技术手段,CAE 技术随着计算机技术的迅猛发展,得到了飞速的发展和广泛的应用。基于 CAE 技术,已经在国际上形成了数百亿规模的市场,而主要的有限元厂商则包括了 MSC、ABAQUS、ADINA、ALGOR、ANSYS 等,其他一些基于数值仿真算法的专业分析软件则不胜枚举。

　　随着 CAE 技术的发展,国内原有的应用体系正在发生着深刻的变化。早在 80 年代初期,国内就已经形成了一批以高校和研究院所为重点的技术研究、开发、应用体系。早期北大袁明武老师应用的 SAP,在当时国内引起了广泛的影响。在此背景下,国内的学者相继开发了多套程序,例如大连理工的 JIFEX、郑州机械研究所的紫瑞、北京农机学院的分析系统以及元计算科技发展有限公司梁国平老师的 FEPG。而这些软件由于各自的一些原因,虽然在国内产生了一定的影响,但都没能在企业界得到广泛的应用。随着 90 年代国外大型商业软件进入国门,掀起了第二次应用的浪潮。由于国内高校在 CAE 技术方面具备一定的研发和应用基础,因而成了应用初期阶段的主力军。

　　近几年来,数字化产品设计的概念逐渐深入人心,国内高校技术研究和应用水平不断提高,CAE 技术已经为广大企业所认可,第三次 CAE 技术的应用浪潮正在形成。值得注意的是,CAE 技术不再仅仅停留在高校,而是更多地走向了企业。同时,更多使用方便、操作简单的专用分析软件也得到了广泛应用。

　　CAE 软件在国内主要应用于汽车、电子、航空航天、土木工程、石油等行业,软件的类型主要包括通用前后处理软件、通用求解软件和行业专用软件。汽车行业在国外是有限元软件的主要应用行业,其所涉及的专业领域相当广泛,并且应用历史长、应用成熟度高。

　　国内常见的前后处理软件包括 Altair 公司的 HyperMesh、GID 公司的 GID 前后处理软件、EDS 公司的 FEMAP 和 MSC 公司的 Patran,这些软件在美国的汽车厂商中都有着广泛的应用。由于有限元技术的特点,使得前处理成为了一个相对独立而又十分重要的部分。一些大型企业都采用了适应自己需求的前后处理软件。这些前后处理软件都具有良好的接口,可与众多的有限元求解软件相结合,以便用户更快、更方便地解算问题。

求解软件可以说是琳琅满目,通常的求解软件包括:MSC、ABAQUS、ADINA、ALGOR、ANSYS、SciFEA、Cosmos 等。这些软件都有着各自的特点,在行业内,一般将其分为线性分析软件和非线性软件,例如 ANSYS、ALGOR 都在线性分析方面具有自己的优势,而 ABAQUS、NASTRAN、ADINA、MARC 则在非线性分析方面各具特点,其中 ABAQUS 被认为是最优秀的非线性求解软件。

分析软件正朝着多物理场的方向发展。大家可以通过业内一些公司的举动感受到这一点,例如,ANSYS 公司收购 CFX 流体软件,并加强与 EMSS 公司的合作,不断加强其多物理场耦合的功能。在这里需要提到的是由于历史原因,ALGOR 继承了 SAP 的模块化思想,在多物理场分析方面也有很好的应用;同源于 SAP 的 ADINA 在流固耦合上则非常有特色。由于解算多物理场问题更多是从物理方程出发,因此,另外还有一些软件在这方面有着良好的应用,比如 MathWorks 公司在数值计算软件 MATLAB 基础上发展起来的 FEMLAB,又如国内飞箭公司针对微分方程的 FEPG 系统。

此外,专用 CAE 软件受其应用领域的限制,只能在各自的行业领域得到应用。例如,MAGMA 公司的 MAGMA 系列铸造软件,可进行各种金属材料浇铸、流动性、固化、压力、应力、温度及热平衡的仿真分析。工程师可根据计算结果更改设计,调整帽口的位置和数量,进而提高铸造质量。又如,法国 ESI 公司的 ProCAST,其与 MAGMA 是竞争关系,软件功能与 MAGMA 大同小异。另外还有在锻造领域应用比较多的 Deform 系统,也得到了国内很多企业的认可。

在板材成型行业里,有 AUTOFORM 系列软件,该软件单元架构基于膜单元形式,因此,其运算速度在同行业内相对较快。MSC/DYTRAN 其特有的材料流动性分析可直观地预测出冲压件厚度及应力分布、开裂和皱褶的形成等。另外,来自 ETA 公司的 DYNAFORM 可以预测成形过程中板料的破裂、起皱、减薄、划痕和回弹,评估板料的成形性能,从而为板料成形工艺及模具设计提供帮助。由于这一类分析工作与模具设计有着非常大的关联,因此,以上这些软件都注重与 CAD 软件的接口,基本都与流行的三维设计软件 CATIA、Pro/ENGINEER 和 UG 有着良好的接口,软件的使用操作也都比较方便。

另外,在汽车行业应用中,经常要对整车进行机械动力学仿真,在这一领域中,国内常见的软件有 MSC/ADAMS。其被广泛用来进行汽车操纵稳定性、汽车行驶平顺性的动态仿真。ADAMS 中的 TIRE 模块提供若干种轮胎模型供分析时选用,以准确地建立轮胎的动力学模型。ADAMS 中的 CAR 模块专为汽车动力学仿真而设计,使用十分方便。另外在国内应用比较广泛的还有美国 ETA 公司的 VPG,VPG(Virtual Proving Ground)虚拟试验场是 ETA 公司长期总结分析汽车工程经验,在 LD-DANA 平台上开发的,是 ETA、LSTC 和 ANSYS 三家公司合作推出的专门应用于汽车工程的软件。VPG 主要被应用于当前汽车产品开发中的重点——整车系统疲劳、整车系统动力学、NVH 和整车碰撞安全及乘员保护等热门问题。

另外市场上还有一些专业软件,例如,LMS 公司的噪音分析软件 SYSNOISE,MSC 公司的疲劳分析软件 MSC/Fatigue,nCode 公司的 Fatigue,奥地利 MAGMA 公司的热疲劳分析软件 FEMFT 等。

1.4　CAD/CAE 技术设计过程

应用 CAD/CAE 技术进行产品设计的过程如下。

1. 概念设计阶段

（1）市场调研。对产品进行了解，提出产品的具体设计参数。

（2）技术设计。包括各种方案的计算机效果模拟和分析仿真论证。

（3）评估、准备相关生产设施。这一阶段主要进行较为详细的、带有一定目标性的预演，企业可以利用一些大型通用非线性 CAE 软件来帮助制定方案，比如 ABAQUS、MSC/NASTRAN、MSC/MARC。

2. 详细设计阶段

在概念设计完成以后，紧接着就是详细设计。这一阶段要绘制各种零部件图样，确定彼此间的装配关系，评估产品的性能（结构强度、刚度、动力特性和生产性等）。

该阶段需要操作简单、使用方便的 CAD/CAE 软件，以便用最少的时间完成评估工作。这类软件包括 SolidWorks、ANSYS、COSMOS、SciFEA 等，这些软件有着良好的数据接口和网格自动生成功能，使用方便、快捷，对使用者的要求较低。在该阶段的尾期，也可以用一些非线性求解器做进一步的验证。

3. 样机制造阶段

根据详细设计提供的模型或数据完成试验样机的加工制造。该阶段是生产阶段，所以较少使用 CAE 软件，但可以用一些专业软件，如铸造分析软件、板料成形软件来指导生产。

4. 产品测试评估阶段

这一阶段主要是利用各种测试和评估手段对产品成本、产品性能、产品质量和加工特性做出全面真实的评价，从而为设计更改和产品的生产提供可靠依据。在该阶段，主要使用一些非线性分析功能强的软件，以及一些多场耦合软件，如 ABAQUS、ANSYS、MSC/NASTRAN、MSC/MARC 等。在此阶段还可以使用一些机械动力学仿真软件、疲劳分析软件来最终评估整装后的产品性能。

第 2 章　SolidWorks 设计与实例

计算机辅助设计(Computer Aided Design)指利用计算机及其图形设备帮助设计人员进行设计工作。

在设计中通常要用计算机对不同方案进行大量的计算、分析和比较,以决定最优方案。各种设计信息,不论是数字的、文字的或图形的,都能存放在计算机的内存或外存里,并能快速地检索。设计人员通常用草图开始设计,将草图变为工作图的繁重工作可以交给计算机完成。由计算机自动产生设计结果,快速作出图形,使设计人员及时对设计做出判断和修改。利用计算机可以进行与图形的编辑、放大、缩小、平移、复制和旋转等有关的图形数据加工工作。

除计算机本身的软件,如操作系统、编译程序外,CAD 主要使用交互式图形显示软件、CAD 应用软件和数据管理软件三类软件。国内快速崛起的浩辰 CAD、中望 CAD 等和 AutoCAD,它们都可以高度兼容,也是用户的选择之一。

对于专业企业,因为绘制目标不同,还存在有多种 CAD 系统并行的局面,那么就需要配置统一的、具备跨平台能力的零部件数据资源库,将标准件库和外购件库内的模型数据以中间格式(比如通用的有 IGS、STEP 等)导出到三维构型系统当中去,如主流的 SolidWorks,Autodesk Inventor,CATIA,中望 3D,Pro/E,AutoCAD,NX 等。航天航空领域使用较多的为 Pro/E,飞机和汽车等复杂产品制造领域则使用 Catia 居多,而在中小企业使用 SolidWorks 较多。在欧美和日本的 PLM 用户中,基于互联网的 PLM 零部件数据资源平台 LinkAble PARTcommunity(简称 PCOM)的知名度不亚于今天我们所熟知的 BLOG 和 SNS 这样的网络平台。本文以 SolidWorks 为例进行结构设计介绍。

2.1　SolidWorks 概述

SolidWorks 软件是世界上第一个基于 Windows 开发的三维造型设计 CAD 系统软件。它的基本设计思路是:实体造型—虚拟装配—二维图纸。SolidWorks 软件功能强大,组件繁多。SolidWorks 有功能强大、易学易用和技术创新三大特点,这使得 SolidWorks 成为领先的、主流的三维 CAD 解决方案。SolidWorks 能够提供不同的设计方案、减少设计过程中的错误以及提高产品质量。SolidWorks 不仅提供如此强大的功能,而且对每个工程师和设计者来说,操作简单方便、易学易用。

2.1.1　SolidWorks 功能介绍

SolidWorks 通过精确、先进的建模功能推动创新,通过加强控制和减少开销提高工作效率,能更有把握、更轻松地解决复杂问题并验证设计,在更好地洞察设计性能的同时提高生产效率。通过在完整供应链中有效共享内容来加快新产品的创新,利用现有内容并使所有团队成员更有效地进行协作,实施一个完全集成的基于模型的制造策略,使用用户的三维CAD模型(包括尺寸、公差、标注、表和电气信息)来创建所有的制造可交付项目。执行多专业产品数据管理工作流程,收集和管理整个企业中的所有设计数据。SolidWorks 等三维CAD 软件具有"机械制造仿真、所见即所得和牵一发动全身"的特点,且一般都具有"造零件、装机械、出图纸"的三种基本功能。

1. SolidWorks 基于 Windows 操作系统,采用 Windows 界面风格

2. 3D 实体建模

使用 SolidWorks 3D 设计软件中的 3D 实体建模功能,可以加快设计速度、节省时间和开发成本,并提高生产效率。3D 实体建模为现代化产品开发的关键方面,即设计、仿真和制造各个行业、应用领域和产品的零件和装配体提供基础。

3. 大型装配体设计

借助 SolidWorks 3D CAD 可处理包含 100 000 多个零件的设计,从而简化大型装配体的设计。利用 SolidWorks 易用的功能可管理、装配、查看和记录大型设计,从而加快设计过程,节省时间和开发成本,并提高生产效率。

4. 钣金设计

使用 SolidWorks 3D 设计,可以获得快速高效地创建钣金件设计的灵活性,加快设计过程,节省时间和开发成本并提高生产效率。

5. 焊件

使用 SolidWorks 3D 设计,可以简化焊接结构、框架和基体的设计及制造,这些构成许多行业产品开发的主要内容,快速创建具有拉伸效果的设计并生成制造所需的切割清单和材料明细表。SolidWorks 可加快设计过程,节省时间和开发成本并提高生产效率。

6. 塑料与铸造零件设计

使用 SolidWorks 3D 设计软件,可以快速开发能够满足产品性能和可制造性要求的塑料与铸造零件设计。借助广泛的设计工具,可以创建简单或复杂的塑料和铸造零件,并确保设计可以成功注模和制造。

7. 模具设计

借助 SolidWorks 3D CAD,产品设计师和模具制作师能够在整个开发过程中方便地合并设计更改,使更改立即在最终制造中生效。该软件可用于塑料、铸造、冲压、成形和锻造设计,与产品设计、模具设计和验证完全集成在一个软件包中,可节省时间,降低成本,加快产品开发过程和提高生产效率。

8. CAD 导入导出

通过使用 SolidWorks 3D CAD 软件将 CAD 数据转换为满足设计需求的格式,加快设计速度,节省时间和开发成本,并提高生产效率。

9. 电气电缆缆束和导管设计

使用 SolidWorks Premium 软件包在 3D 中快速设计和布置产品的电线、缆束、缆线和导管装配体。在产品设计期间集成这些系统，而不是在以后添加，加快开发流程，节省时间和返工成本，帮助确保高效的产品装配和可维护性。

10. 管道和管筒设计

使用 SolidWorks Routing，系统设计期间在 3D 中设计管道和管筒，加快开发过程和节省时间。通过在设计过程中集成管道和管筒，设计师可以帮助确保高效的装配、操作和可维护性，避免返工、延迟和额外成本。

目前，已面世的 SolidWorks 2018 在性能、质量方面的改进和新增的功能，可以帮助用户提高产品从设计到制造的整体速度。SolidWorks 2018 的新功能亮点：

① 面向 CNC 加工的 SolidWorks CAM；

② 直接处理网格数据；

③ 3D Interconnect 更具灵活性；

④ 更加直观的全新用户体验；

⑤ 优化的钣金设计工具；

⑥ 为基于模型的企业提供更高效的协作；

⑦ 面向电气布线的强大可用性增强；

⑧ 可改良零件几何体的创成式设计；

⑨ 支持 MBD 的 SolidWorks Inspection；

⑩ 面向项目和流程管理的 SolidWorks Manage；

⑪ 设计分支与合并；

⑫ 面向 SolidWorks 工程图的自动 PDF 创建功能；

⑬ 修订表自动更新；

⑭ 连接云的 SolidWorks。

2.1.2　SolidWorks 模块

1. TolAnalyst

该模块是一种公差分析工具，用于研究公差和装配体方法对一个装配体的两个特征间的尺寸向上层叠所产生的影响。每次研究的结果为一个最小与最大公差层叠、一个最小与最大和方根（RSS）公差层叠及基值特征和公差的列表。

2. ScanTo3D

使用 SolidWorks 软件的 ScanTo3D 功能，用户可以从任何扫描器打开扫描数据（网格或点云文件）或从数学软件中打开曲线数据，准备数据，然后将之转换成曲面或实体模型。

3. Motion

可使用运动分析精确模拟并分析装配体的运动，同时合成运动算例单元的效果。运动分析算例将运动算例单元在运动计算中与装配体结合。运动约束、材料属性、质量及零部件接触包括在 SolidWorks Motion 运动学解算器计算中。

4. Simulation

Simulation 提供了单一屏幕解决方案来进行应力分析、频率分析、扭曲分析、热分析和优化分析。凭借着快速解算器的强有力支持，能够使用个人计算机快速解决大型问题。

5. CirtuitWorks

CircuitWorks 只可为 SolidWorks Premium 用户所用，但 CircuitWorks Lite 可让所有 SolidWorks 用户输入 IDF 2.0 和 3.0 文件以创建 SolidWorks 零件模型。

6. Routing

Routing 生成一种特殊类型的子装配体，以在零部件之间创建管道、管筒或其他材料的路径。

7. Workgroup PDM

Workgroup PDM 应用程序为项目数据管理软件，在 SolidWorks 环境内部运行或作为独自应用程序在 SolidWorks Explorer 中运行。Workgroup PDM 以检出、检入、修订控制及其他管理任务的步骤来控制项目。SolidWorks Explorer 是一个文件管理工具，可帮助用户进行诸如重新命名、替换和复制 SolidWorks 文件之类的工作。用户可显示文档的参考，使用各种准则搜索文档，并列举文档的所有使用之处。

8. Task Scheduler

Task Scheduler 设置将来执行的任务，将文档转换到最新的 SolidWorks 版本并分解文档。要排定大多数其他任务，必须具有 SolidWorks Professional、SolidWorks Premium 或 SolidWorks Office 许可。

9. Design Checker

Design Checker 对标注尺寸的标准、字体、材料和草图等设计要素进行验证，以确保 SolidWorks 文件满足预定义的设计标准。

10. Utilities

Utilities 可详细检查实体模型的几何体，并与其他模型做比较。

11. FeatureWorks

FeatureWorks 识别 SolidWorks 零件文件中输入实体的特征。识别的特征与用户使用 SolidWorks 软件生成的特征相同。

12. Toolbox

Toolbox 包括标准零件库，包含所支持标准的主零件文件和有关扣件大小及配置信息的数据库。Toolbox 支持的国际标准包括 ANSI、AS、BSI、CISC、DIN、GB、ISO、IS、JIS 和 KS。

13. PhotoView 360

PhotoView 360 应用程序生成 SolidWorks 模型具有特殊品质的逼真图像，提供了许多专业渲染效果。

14. eDrawings Professional

在 eDrawings 中，可观看动画模型及工程图，并创建方便发送给他人的文档。

15. SimulationXpress

SimulationXpress 为用户提供初步应力分析工具。

16. DriveWorksXpress

DriveWorksXpress 实现自动化设计过程,捕捉和重新使用设计知识,合并设计规则,自动执行重复性任务,使设计工程师从重复性任务中解脱出来,根据生成的规则,快速、轻松地生成实体。

17. DFMXpress

DFMXpress 是一种用于核准 SolidWorks 零件可制造性的分析工具,识别可能导致加工问题或增加生产成本的设计区域。

18. 3D Content Central

3D Content Central 用于访问零部件供应商和个人提供的所有主要 CAD 格式的 3D 模型。

2.1.3　SolidWorks 界面

SolidWorks 提供了一套完整的动态界面和鼠标拖动控制。崭新的属性管理员用来高效地管理整个设计过程和步骤,用资源管理器可以方便地管理 CAD 文件。特征模板为标准件和标准特征提供了良好的环境。SolidWorks 用户界面包括菜单栏、工具栏、管理器窗口、图形区域、任务窗口以及状态栏等。菜单栏包含了所有 SolidWorks 命令,工具栏可根据文件类型(零件、装配体、工程图)来调整并设定其显示状态,而 SolidWorks 窗口底部的状态栏则可以提供设计人员正执行的有关功能的信息,操作界面如图 2-1-1 所示。

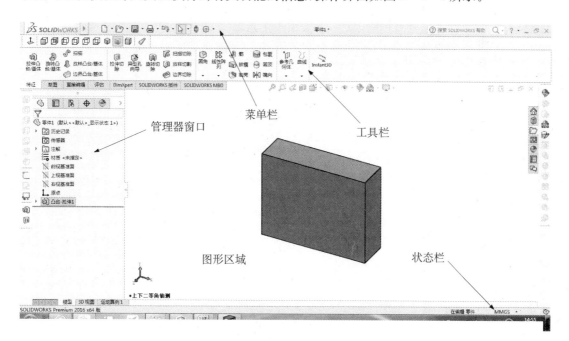

图 2-1-1　操作界面

1. 菜单栏

菜单栏显示在界面的最上方,如图2-1-2所示,其中最关键的功能集中在【插入】与【工具】菜单中。

图2-1-2 菜单栏

对应于不同的工作环境,SolidWorks中相应的菜单以及其中的选项会有所不同。当进行一定任务操作时,不起作用的菜单命令会临时变灰,此时将无法应用该菜单命令。

2. 工具栏

SolidWorks工具栏包括标准主工具栏和自定义工具栏两部分。其中【前导视图工具】工具栏以固定工具栏的形式显示在绘图区域的左上方,如图2-1-3所示。

图2-1-3 前导视图工具栏

(1) 自定义工具栏的启用方法是选择菜单栏中的【视图】-【工具栏】命令,或者在【视图】工具栏中单击鼠标右键,将显示【工具栏】菜单项,如图2-1-4所示。

图2-1-4 自定义工具栏

从图中可以看到,SolidWorks 提供了多种工具栏,方便软件的使用。打开某个工具栏,它有可能默认排放在主窗口的边缘,可以拖动它到图形区域中成为浮动工具栏。在使用工具栏或是工具栏中的命令时,当指针移动到工具栏中的图标附近,会弹出一个窗口来显示该工具的名称及相应的功能,显示一段时间后,该内容提示会自动消失。

(2) Command Manager (命令管理器)是一个上下文相关工具栏,它可以根据要使用的工具栏进行动态更新,默认情况下,它根据文档类型嵌入相应的工具栏。Command Manager 下面有 6 个不同的选项卡:【特征】、【草图】、【直接编辑】、【评估】、【DimXpert】、【SolidWorks 插件】和【SolidWorks MBD】,如图 2-1-5 所示。

图 2-1-5　Command Manager 工具栏

【特征】、【草图】选项卡提供【特征】、【草图】的有关命令。

【直接编辑】选项卡可对三维模型进行快速修改。

【评估】选项卡提供检查、分析等命令或在【插件】选择框中选择的有关插件。

【DimXpert】选项卡提供有关尺寸、公差等方面的命令。

【SolidWorks 插件】将 Motion、Routing、Simulation 等模块作为插件放在此供设计人员使用。

【SolidWorks MBD】基于模型的定义无须工程图便能创建模型,提供集成的 SolidWorks 软件制造解决方案。

3. 状态栏

状态栏位于图形区域底部右侧,提供关于当前正在窗口中编辑的内容的状态,以及指针位置坐标、草图状态等信息内容,如图 2-1-6 所示。

| 53.86mm | 64.44mm | 0mm 欠定义 | 在编辑 草图2 | MMGS ▲ |

图 2-1-6　状态栏

状态栏中典型的信息包括:重建模型图标、草图状态、没有找到解、发现无效的解、快速提示帮助图标。

4. 管理区域

文件窗口的左侧为 SolidWorks 文件的管理区域,也称为左侧区域。【管理区域】包括特征管理器设计树、属性管理器(Property Manager),配置管理器(Configuration Manager)、标注专家管理器(DimXpert Manager)和外观管理器(Display Manager),如图 2-1-7 所示。

图 2-1-7　管理区域

5. 确认角落

确认角落位于视图窗口的右上角，如图 2-1-8 所示，利用确认角落可以接受或取消相应的草图绘制和特征操作。进行草图绘制时，可以单击确认角落里的【退出草图】图标来结束并接受草图绘制，也可以单击【删除草图】图标来放弃草图的更改。进行特征造型时，可以单击确认角落里的【退出草图】结束并接受特征造型。

图 2-1-8　确认角落

6. 任务窗格

图形区域右侧的任务窗格是与管理 SolidWorks 文件有关的一个工作窗口，任务窗格带有 SolidWorks 资源、设计库和文件探索器等标签。通过任务窗格，用户可以查找和使用 SolidWorks 文件，如图 2-1-9 所示。

2.2　SolidWorks 操作

SolidWorks 操作基本流程如下。

1. 检查系统设置

在打开或新建文件之前，需要进行系统设置的检查。将工具栏中系统选项对话框打开，可以根据使用习惯或国家标准进行必要的设置，如图 2-2-1 所示。

➤ 一般：标注尺寸时输入尺寸值。标注尺寸时，出现输入尺寸对话框，提示输入尺寸值。在资源管理器中显示图标，将文件的模样在 IE 中显示。

➤ 工程图：设置局部视图的比例等。

➤ 显示默认边界：设置工程图默认的视图及切边的显示方法。

➤ 区域剖面线：定义默认的剖面线的类型。

➤ 颜色：按自己的习惯定义工作方式的颜色。

➤ 草图：在绘制草图时，需要设置的项目。

➤ 默认模板：定义模型、图纸、装配的默认模板文件。

➤ 文件位置：定义默认的特征调色板、零件调色板、图纸格式文件等的位置。

➤ 选项框增量值：定义选项框增量值。

➤ 视图旋转：定义使用方向键和鼠标进行旋转的角度增量。

➤ 备份：定义备份文件的位置以及版本数量。

图 2-1-9　任务窗格

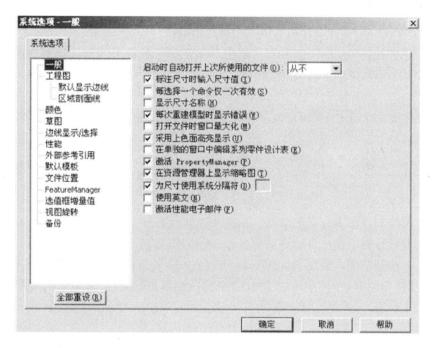

图 2-2-1　系统选项设置

2. 新建零件文档

为了生成一个新的零件图,单击工具条上的【新建】按钮或双击零件图标,出现一个新的零件图窗口,如图 2-2-2 所示。

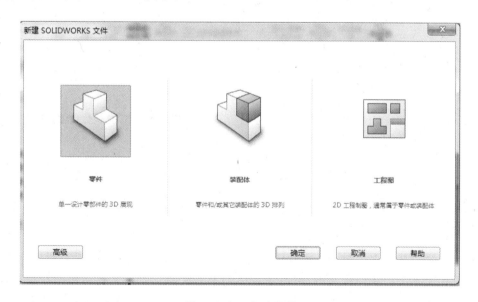

图 2-2-2　新建零件

3. 新建草图

在 SolidWorks 中零件设计是从草图绘制开始的。

第一步　打开一个草图绘制界面。单击草图绘制工具条上的草图绘制按钮 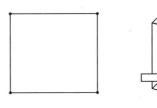 ，在基准面上建立一个草图绘制界面，如图 2-2-3 所示。

图 2-2-3　草图绘制工具

进入草图绘制界面进行草图绘制。在屏幕底部状态栏右侧将显示："正在编辑：草图"。在特征管理器设计树中显示自动添加的名称"草图 1"，如图 2-2-4 所示。

第二步　绘制草图。如在 SolidWorks 中建立一个长方体，需要首先在草图中绘制一个矩形，而后从草图绘制中的矩形通过【特征】中的拉伸得到长方体，从矩形的草图绘制开始，如图 2-2-5 所示。

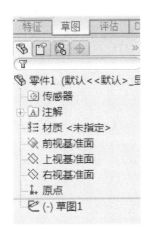

图 2-2-4　草图绘制状态下的管理器设计树　　　　图 2-2-5　几何体建模过程

4. 标注尺寸

给草图绘制的矩形标注尺寸。SolidWorks 不要求在生成特征时必须标注尺寸。在设计阶段，养成标注尺寸的习惯是应该的，并且尽可能使草图做到完全约束。

在添加尺寸时，注意状态栏中草图绘制状态的显示。任何 SolidWorks 草图绘制都是以下三种形式之一。在一个完全约束（fully defined）的草图绘制中，所有实体的位置都用尺寸或约束完全地描述出来。在一个未约束（under defined）的草图绘制中，需要用尺寸和约束来确定几何关系。在这种情况下，可以通过拖动未定义的草图绘制实体来改变草图绘制。在一个过约束（over defined）草图绘制中，图的尺寸或约束之间有冲突，会用红色进行显示。

点击【智能尺寸】后单击所需标准尺寸的边。注意这时右侧的竖直线（和右侧的较低的顶点），已由蓝色变成了黑色。通过定义上边的尺寸，就定义了右侧的位置。可以拖动上部使它上下移动,蓝色表明没有完全约束可以移动。进行尺寸定义后,依然可以通过点击尺寸数字随时对尺寸进行编辑,如图 2-2-6 所示。

除通过智能尺寸对几何尺寸进行编辑和定义外,还可以用【工具栏】中的方程式定义尺寸和几何关系。例如,若一个长方体的长是宽的 3 倍,可以通过方程的形式定义长与宽间的几何尺寸关系,从而每次更改宽的尺寸就可以同时更改长的尺寸,如图 2-2-7 所示。

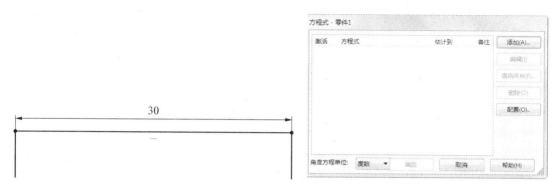

图 2-2-6　标注尺寸　　　　　　　　　图 2-2-7　方程式的设置

5. 建立拉伸特征

任何零件的第一个特征都叫作基础特征(the base feature),通过拉伸草图绘制的矩形来生成长方体的高度。

单击【特征】工具条上的拉伸凸台/基体按钮,就会显示拉伸凸台对话框和由草图绘制生成的实体,如图 2-2-8 所示。

单击特征管理器设计树上"基体-拉伸"旁边的加号标记,如图 2-2-9 所示,可以看到用来延伸特征的草图 1,已列在特征的下面。

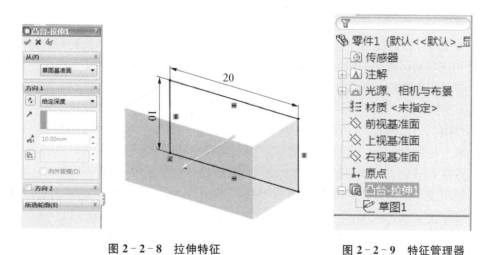

图 2-2-8　拉伸特征　　　　　　　　　图 2-2-9　特征管理器

6. 添加另外的凸台特征

如果需要在零件上生成其他的特征(比如突出特征或切削特征),则可在基体表面或平面上建立新的草图进行绘制。

> **注意** 在 SolidWorks 中,每次在一个表面或平面上绘制,则生成基于一个草图绘制的特征。

7. 缩放、移动、旋转工具

SolidWorks 的缩放、移动、旋转工具,主要的工具条如图 2-2-10 所示。

图 2-2-10　缩放、移动、旋转工具条

在 SolidWorks 中有四种缩放工具。

➤ 单击 ▣ ,在当前窗口以零件最大的尺寸显示。

➤ 单击 ◉ ,然后拖动指针画出一个矩形,矩形内的区域将在当前窗口中以最大尺寸显示。

➤ 单击 ◉↕ ,然后拖动指针,向上拖动为放大,向下拖动为缩小。

➤ 单击一个顶点、一条边或一个特征,然后单击 ▣ ,所选部分将以全屏显示。

还有几个其他缩放的方法:

➤ 从 View,Modify 菜单中选择一种缩放的形式或从右键菜单中选择。

➤ 在空白区域单击右键,选择一种缩放形式或在模型上单击右键,选择 View 菜单,然后选择一种缩放形式。

➤ 要一步步地缩放,按 z 键缩小,按 Z 键放大。

旋转零件,可点击 ↻ 。

➤ 要一步步地旋转零件,按箭头键。

➤ 要使零件的旋转增量为 90°,按住 Shift 键然后按箭头键。

➤ 要使零件以任何角度旋转,单击工具条上的按钮,要想以顺时针或逆时针方向旋转零件,使用选项对话框中的增量,按住 Alt 键,并按左右箭头。

➤ 要使零件绕着一条边或一个顶点旋转,单击 ↻ ,然后单击这条边或这个顶点,并拖动零件。

移动零件,点击 ✛ 。

➤ 单击按钮,然后单击并拖动零件来在窗口内移动这个零件。

➤ 按住 Ctrl 键并按箭头键来上下左右移动视图。

➤ 使用滚动条来移动到窗口的不同区域。

8. 设置工具模式(Setting Tool Modes)

大部分 SolidWorks 工具是模式化的(model)。也就是说,当选取一种工具时,这种工具就始终处于激活状态,直到选择另一种工具为止。对于模式化工具,当选取一种工具时,可以按自己的需要使用多次。然后再单击这种工具或者选取另一种工具或按 Esc 键退出这种工具,按 Esc 键使选择工具激活。Zoom to Fit 和 Zoom to Selection 都不是模式化的工具，单击一次，视图放大，然后回到以前鼠标的状态。单击 Tools，Options，选择 General 键，在 Model 列表下，单击 Single command per pick 复选框，确定后，单击一种工具，用过一次之后，就又回到 Select 状态下。如果想重复使用一种工具，就双击相应按键。

9. 零件的显示模式

可按不同模式显示零件，可通过点击 ⬚· 完成。在显示工具条的模式按钮上单击线架图，隐藏线变灰，消除隐藏线或以上色的方式显示零件，也可以通过选择视图，改变显示的模式，如图 2-2-11 所示。

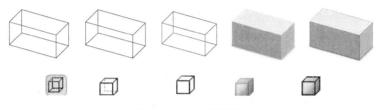

图 2-2-11　显示模式

10. 使用视图显示工具

视图显示箱（Orientation box）决定了零件或装配的显示方位。

单击 ▧ 按钮，或者直接按下空格键，视图显示箱显示出来，在其中选择需要的视图。

单击对话框中的 ▣ 按钮。这样保持列表是打开的，并位于所有窗口的上方，使它始终是可视的。

双击一个视图的名字就可以打开一个视图。当前视图的名字在视图定向中以高亮度显示。

符合标准视图的默认平面有以下几种形式：

➢ 平面 1——前平面（Front）；
➢ 平面 2——上平面（Top）；
➢ 平面 3——右平面（Right）。

11. 多视图显示

点击 ▣· ，在跳出窗口下方可供多视图显示选择，根据需要可将窗口分为二视图、四视图等，如图 2-2-12 所示。

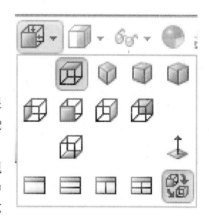

图 2-2-12　视图显示

一个窗口中最多可以显示一个零件的四个不同的视图，如图 2-2-13 所示。这样的选择可在同一个窗口中显示零件的不同侧面的特征，对于同时查看同一模型不同侧面的操作效果非常有用。

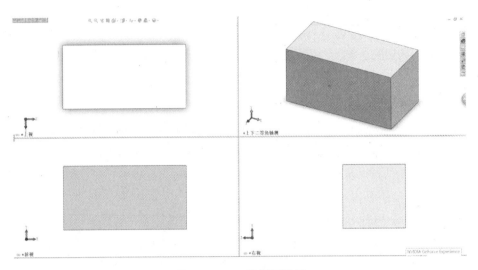

图 2-2-13　四视图显示

2.3　SolidWorks 实例

本节以实例为背景介绍 SolidWorks 主要功能及建模的过程。

2.3.1　轴体

本题主要目的在于建立操作者绘制三维零件的初步概念,介绍工程图的生成过程。使学习者了解零件从草图到三维实体,再到工程平面图的建立过程和基本操作。轴相关尺寸如图 2-3-1 所示,其中键槽深度为 3 mm。

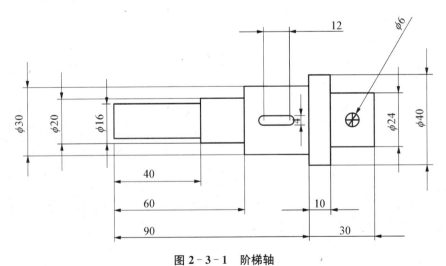

图 2-3-1　阶梯轴

零件为阶梯轴,可由轴向截面沿对称轴旋转生成,应该注意的是键槽和销孔形成时需建立参考面进行草图绘制。

1. 绘制轴向截面

选择前视图创建草图，建立点划线作为对称轴。按零件的外部形状将轮廓画出，得到图 2-3-2 所示的草图。

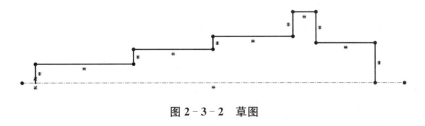

图 2-3-2 草图

2. 定义尺寸参数

根据上述尺寸在草图 1 上利用【智能尺寸】定义相关参数，如图 2-3-3 所示。

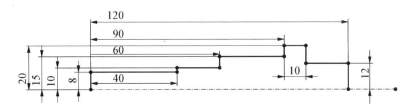

图 2-3-3 定义尺寸

3. 旋转生成三维实体

依次点击左上角的【特征】—【旋转】，在左侧【旋转】选项中选择旋转轴为草图 1 中的对称轴，得到图 2-3-4 所示的阶梯轴。

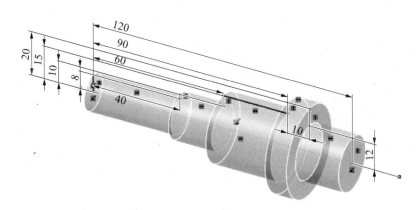

图 2-3-4 旋转

4. 建立键槽

第一步　点击【插入】—【参考几何体】—【基准面】，在上视图方向建立与其相距 12 mm 的基准面 1。图 2-3-5 中上方线条为基准面。

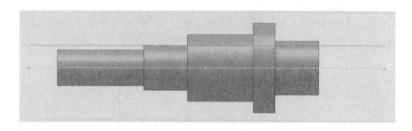

图 2-3-5　基准面

第二步　在基准面 1 上创建草图 2，在其上画出键槽的形状，并标注尺寸。点击【直线】选择【构造线】，在 $\phi30$ 的中点位置画两条对称线。点击【直线】，画一条水平线。点击【智能尺寸】，定义线段长度为 6，与对称线距离为 2。此条线段为键槽四分之一边段，其他三条边对称生成，如图 2-3-6 所示。

第三步　点击【镜向实体】，左侧出现镜向窗口。在【要镜向的实体】中用光标选择刚才生成的线段，【镜向点】选择水平方向对称轴，如图 2-3-7 所示。

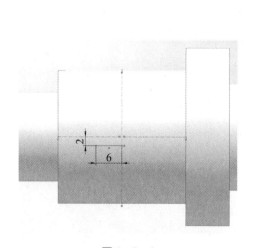

图 2-3-6

图 2-3-7

第四步　点击确定后得到键槽的第二条边，如图 2-3-8 所示。

第五步　再次点击【镜向实体】，在【要镜向的实体】中用光标选择刚才生成的两条线段，【镜向点】选择竖直方向对称轴。确认后生成第三和第四条边，如图 2-3-9 所示。

第六步　绘制键槽两侧圆弧。点击【圆】，将光标移动到第一条边和第二边左侧端点中间位置附近，此时会自动出现一条虚线，表示与端点对齐，如图 2-3-10 所示。

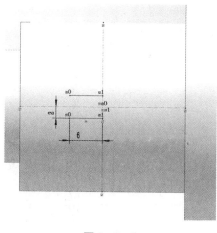

图 2 - 3 - 8

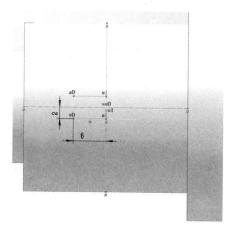

图 2 - 3 - 9

第七步　此时,以该点为圆心(在水平对称轴上),到第一条边线端点为半径,画一个圆,此时半径为 2,如图 2 - 3 - 11 所示。

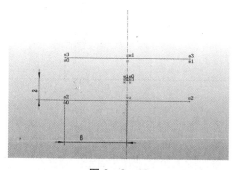

图 2 - 3 - 10

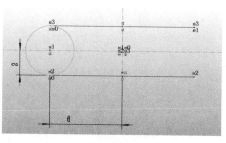

图 2 - 3 - 11

第八步　点击【剪裁实体】,在左侧窗口出现操作窗口。在【选项】中选择【强劲剪裁】,准备剪去圆弧的右侧,如图 2 - 3 - 12 所示。

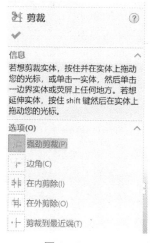

图 2 - 3 - 12

第九步　在绘图区域按住鼠标左键,划过要剪裁的圆弧右上段,将其剪去。再次按住鼠标左键,划过要剪裁的圆弧右下段,将其剪去,如图 2-3-13 所示。

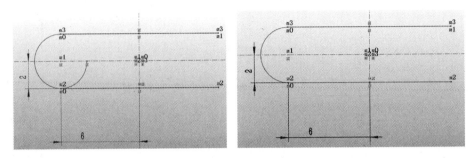

图 2-3-13

第十步　点击【镜向实体】,在【要镜向的实体】中用光标选择刚才生成的半圆弧,【镜向点】选择竖直方向对称轴,如图 2-3-14 所示。完成键槽草图绘制,如图 2-3-15 所示。

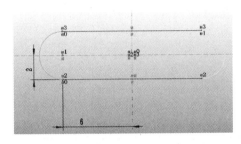

图 2-3-14

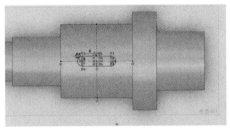

图 2-3-15　键槽草图

第十一步　依次点击左上角的【特征】—【拉伸切除】,在左侧【拉伸切除】选项中选择切除方向指向零件上方的外部,如图 2-3-16、图 2-3-17 所示。

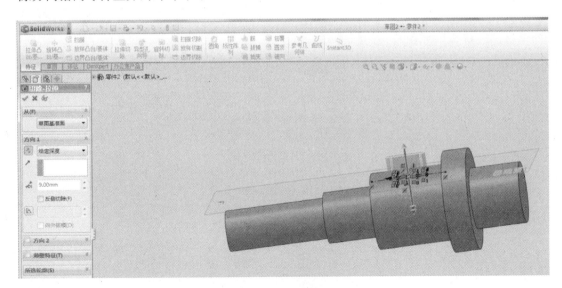

图 2-3-16　键槽特征

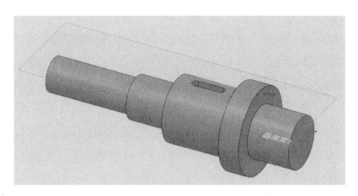

图 2 - 3 - 17　键槽

5. 建立销孔

选择上视图建立草图 3，在其上画圆，半径为 3，与右端面距离为 10，如图 2 - 3 - 18 所示。

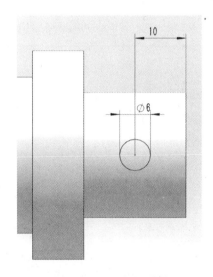

图 2 - 3 - 18　销孔草图

依次点击左上角的【特征】—【拉伸切除】，在左侧【拉伸切除】选项中选择切除方向为上下两个方向，为一个通孔。最后，得到图 2 - 3 - 19 所示的阶梯轴。

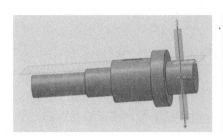 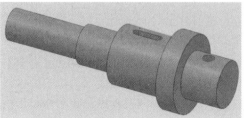

图 2 - 3 - 19

6. 创建工程图

第一步　SolidWorks 提供二维图纸的编辑,可由三维零件体直接生成平面图。点击【新建】,选择工程图,如图 2-3-20 所示。

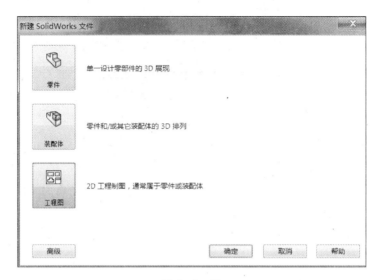

图 2-3-20

第二步　进入工程图,在弹出的【图纸格式】窗口中,根据零件的尺寸和比例尺选择 A3 图纸,如图 2-3-21 所示。

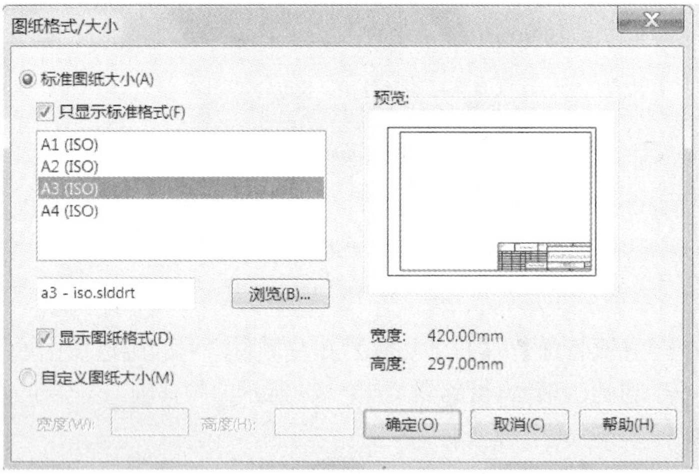

图 2-3-21

第三步　在左侧模型视图窗口中的【浏览】,点击选择刚才建立的零件轴,如图2-3-22 所示。

第四步　打开零件后,在模型视图窗口中选择【前视图】,如图 2-3-23 所示。

第五步　将窗口向下拉动,在【比例】中选择【使用自定义比例】,选择比例为 2∶1,如图 2-3-24 所示。

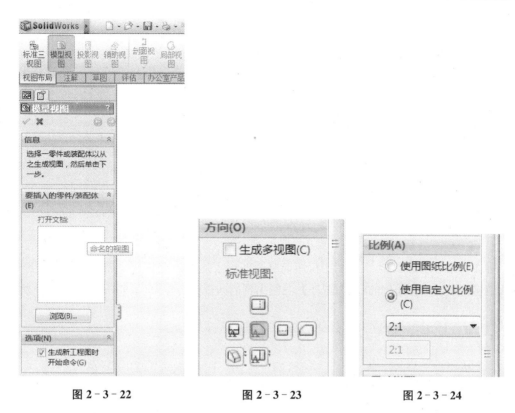

图 2-3-22　　　　　　　　图 2-3-23　　　　　　　　图 2-3-24

此时,随着光标移动,在图纸区域出现一个可移动的图框,即为轴体的前视图投影,如图 2-3-25 所示。

图 2-3-25

7. 创建主视图和断面图

将光标移动到图纸上部中间的位置,点击鼠标左键将视图放置在相应位置,如图 2-3-26所示。

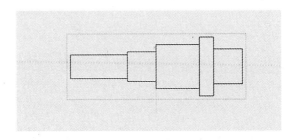

图 2-3-26

轴体为中心对称图形,三视图中仅用前视图即可表达整体形状。另用剖视图表达键槽和销孔结构。点击工作条中的【剖面视图】,左侧出现剖面视图工作窗口,如图 2-3-27 所示。

图 2-3-27

将光标移动到键槽中间位置,用鼠标直接画出一条直线,即为剖视图的剖切线。向左移动光标,将剖视图放置在主视图的左侧,如图 2-3-28 所示。

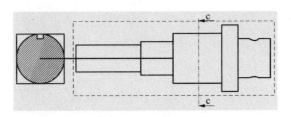

图 2-3-28

在 SolidWorks 中得到相关视图,是按投影关系得到的,有些局部特征的表达并不符合相关标准。因此,需要操作者在进行工程图绘制时尤其注意,需要对 SolidWorks 生成的所有视图进行检查,按标准表达法修改相应线条。

此时画出的剖视图键槽是封口的,按国家标准这是不正确的,需要删除上部这条线段,如图 2 - 3 - 29 所示。

将光标移动到需删除的线段上,点击鼠标右键,出现下图窗口。在窗口中选择【隐藏/显示边线】,将这条线段隐藏起来,如图 2 - 3 - 30 所示。

图 2 - 3 - 29

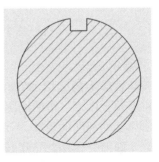

图 2 - 3 - 30

  将光标移动到剖视图的名称上,双击鼠标左键,出现【格式化】窗口。可在这里将剖视图名称的字号调为 20,字体变大。确认后关闭窗口,如图 2-3-31 所示。

图 2-3-31

  此时剖视图名称框处于可编辑状态,将原来自动生成的名称删除,写入"A-A",如图 2-3-32 所示。

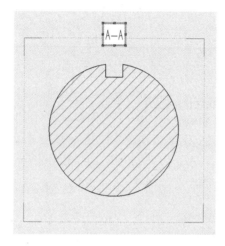

图 2-3-32

  由此,得到轴体的主视图和键槽的剖视图,如图 2-3-33 所示。

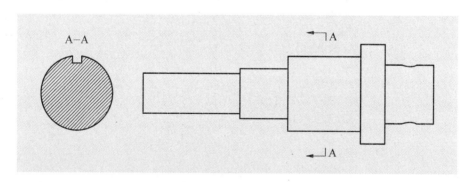

图 2-3-33

8. 创建局部剖视图

  为清楚明确地表达轴体上的结构,对键槽和销孔做局部剖开处理。点击【断开的剖视图】,此时在光标的右下角会出现一个曲线图标。用光标在键槽附近勾出一个闭合曲线框,这个曲线框仅用于作局部剖视图的轮廓,不作为实体构造线,如图 2-3-34 所示。

  曲线框闭合后会立即消失,左侧出现【断开的剖视图】编辑窗口。在【深度】选项中,写入 20。勾选【预览】,可在绘图区域看到剖开后的情况,如图 2-3-35 所示。

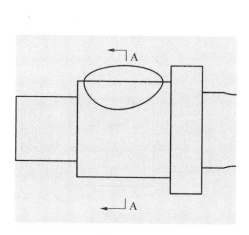

图 2 - 3 - 34　　　　　　　　　　图 2 - 3 - 35

此时,在绘图区域可看到剖视图 A-A 中间有一条剖切线,表示局部剖开的深度位置。在键槽位置,可看到剖开后的情况。键槽表面左右两端平面与圆弧面相切位置各有一条线,这是由 SolidWorks 系统定义的,无法更改,但按国家标准,两个面相切位置不应该有轮廓线出现,需要将这两条线隐藏,如图 2 - 3 - 36 所示。

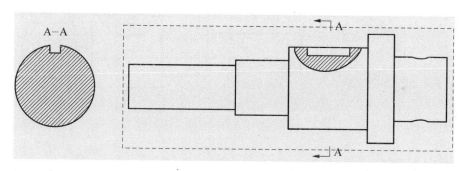

图 2 - 3 - 36

重复前面隐藏断面图中线段的过程。将光标移动到需删除的线段上,点击鼠标右键。在窗口中选择【隐藏/显示边线】,将线段隐藏起来,如图 2 - 3 - 37 所示。

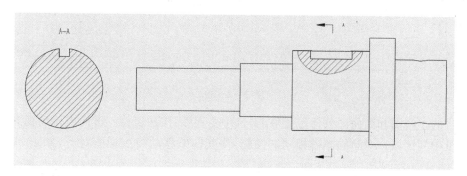

图 2 - 3 - 37

重复键槽局部剖视图的步骤,得到销孔的局部剖视图。点击【断开的剖视图】,此时在光标的右下角会出现一个曲线图标。用光标在销孔附近勾出一个闭合曲线框。在【断开的剖视图】编辑窗口【深度】选项中,写入 20,如图 2 - 3 - 38 所示。

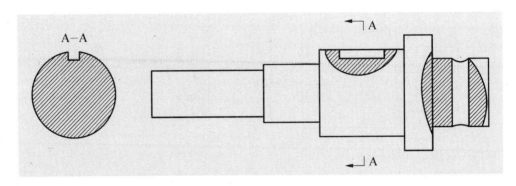

图 2 - 3 - 38

完成零件体的表达,如图 2 - 3 - 39 所示。

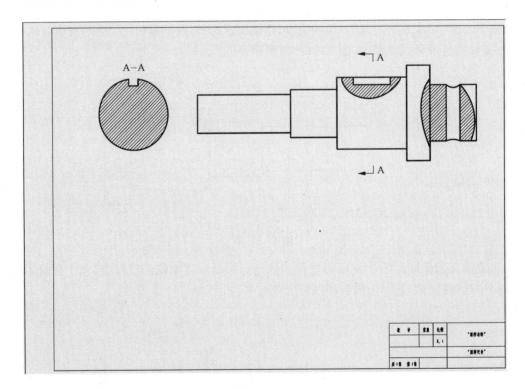

图 2 - 3 - 39

生成的主视图和断面图整体位置靠上,选中主视图,按住鼠标左键向下拉动视图将其重置于图纸中间区域。对断面图做相同的操作,将其向下移动与主视图对齐,如图 2 - 3 - 40 所示。

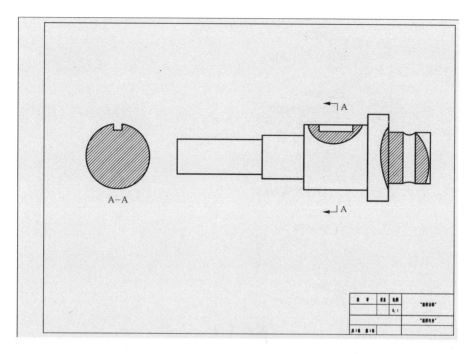

图 2-3-40

9. 标注尺寸

点击工作条中【草图】,编辑尺寸。点击【智能尺寸】,用光标选取相应线段,标注相应尺寸。标注时,需要注意基准尺寸,如图 2-3-41 所示。

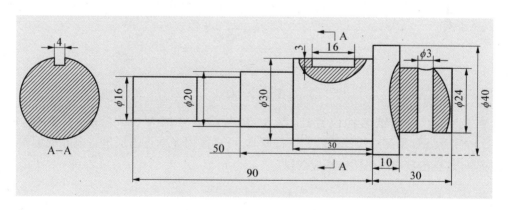

图 2-3-41

10. 编辑图纸

第一步 点击鼠标右键,在弹出的窗口中选择【编辑图纸格式】,对图纸进行编辑,如图 2-3-42 所示。

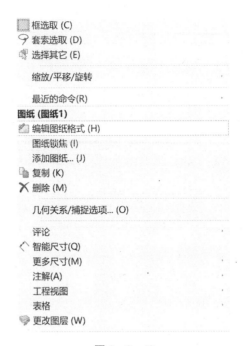

图 2 - 3 - 42

第二步   双击【比例】下方空格处,写入 2∶1,如图 2 - 3 - 43 所示。

图 2 - 3 - 43

第三步   双击图纸名称位置处,写入"轴",将字号调为 36,点击字体加粗,如图 2 - 3 - 44 所示。如果需对边框等样式进行修改,可直接用光标点击后进行删除或编辑。也可进入草图,点击直线画出图框相应线段。

图 2 - 3 - 44

第四步　完成图纸格式的编辑，如图 2 - 3 - 45 所示。

图 2 - 3 - 45

第五步　在空白位置点击鼠标右键，在弹出窗口中选择【编辑图纸】，回到零件视图显示状态，如图 2 - 3 - 46 所示。

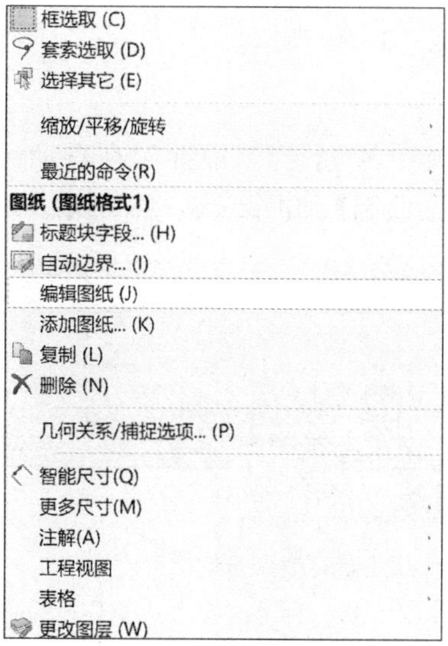

框选取 (C)
套索选取 (D)
选择其它 (E)
缩放/平移/旋转
最近的命令(R)
图纸 (图纸格式1)
标题块字段... (H)
自动边界... (I)
编辑图纸 (J)
添加图纸... (K)
复制 (L)
删除 (N)
几何关系/捕捉选项... (P)
智能尺寸(Q)
更多尺寸(M)
注解(A)
工程视图
表格
更改图层 (W)

图 2 - 3 - 46

完成轴体的工程图绘制，如图 2 - 3 - 47 所示。

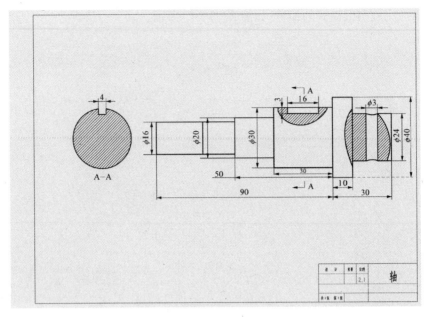

图 2-3-47

2.3.2 壳体

要求掌握零件草图绘制和特征模块基本操作及常用命令，创建壳体零件的三维模型，如图 2-3-48 所示。

1. 上视基准面草图绘制

第一步　单击左侧设计树中的"上视基准面"，在自动弹出的快捷操作窗口选择【草图绘制】，如图 2-3-49 所示。

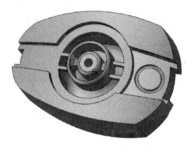

图 2-3-48　壳体

图 2-3-49　上视基准面

第二步　点击【直线】绘制经过原点的一条水平和竖直构造线,如图 2-3-50 所示。

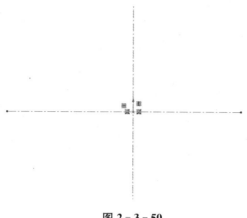

图 2-3-50

第三步　点击【圆】。以原点为圆心,先绘制一个直径为 40 的圆。再绘制一个直径为 50 的圆,与前面的圆同心,注意该圆要用【构造线】绘制,如图 2-3-51 所示。

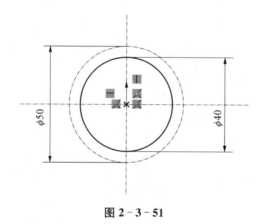

图 2-3-51

第四步　以直径为 50 的圆与水平构造线的右端交点为圆心,绘制一个直径为 50 的圆,如图 2-3-52 所示。

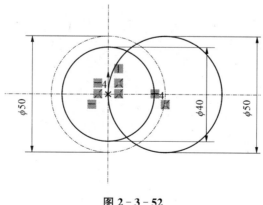

图 2-3-52

第五步　绘制一条长度为 10 的线段,如图 2-3-53 所示。

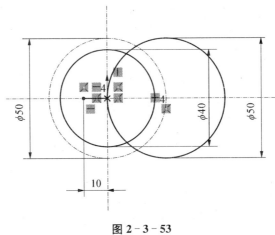

图 2-3-53

第六步　以长度为 10 的线段的左端点为圆心,绘制一个直径为 80 的圆,如图 2-3-54 所示。

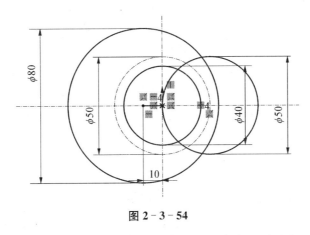

图 2-3-54

第七步　绘制如图 2-3-54 所示的长度为 30 的垂直线段,如图 2-3-55 所示。

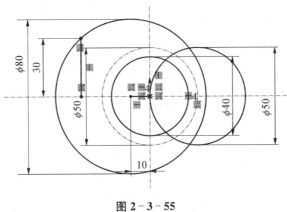

图 2-3-55

第八步　与上一步骤相同,在右边绘制一条长度为 20 的竖直线段,如图 2-3-56
所示。

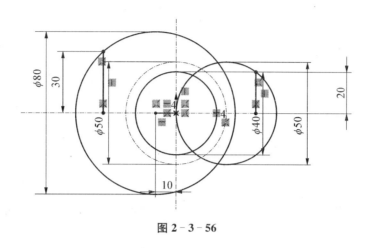

图 2-3-56

第九步　点击【镜向】,【要镜向的实体】为步骤 7 与步骤 8 所绘制的直线,镜向点为水平
构造线,如图 2-3-57、图 2-3-58 所示。

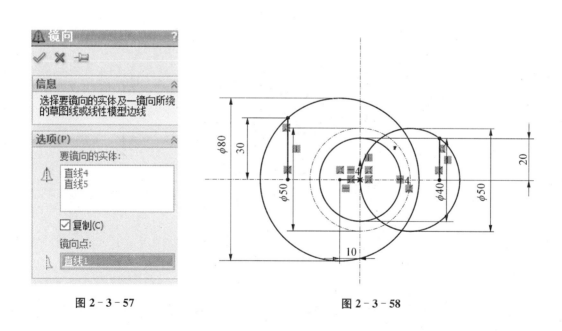

图 2-3-57　　　　　　　　　　　　　　　图 2-3-58

第十步　点击【裁剪实体】—【裁剪到最近端】,对多余的线段进行裁剪,裁剪后的图形
如图 2-3-59 所示。

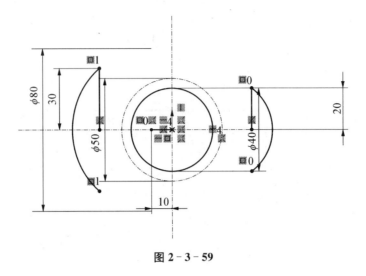

图 2-3-59

第十一步　点击【圆弧】,圆弧类型选择【三点圆弧】,利用圆弧连接两端点,圆弧如图 2-3-60 所示,在【参数】中输入圆弧半径为 120。

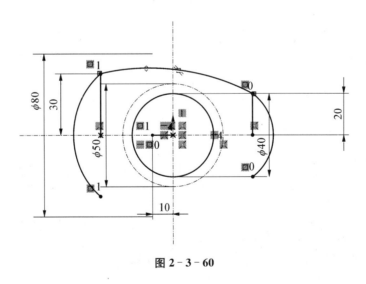

图 2-3-60

第十二步　点击【镜向】,【要镜向的实体】选择上一步骤中绘制的半径为 120 的圆弧, 【镜向点】选择水平构造线,如图 2-3-61、图 2-3-62 所示。

图 2-3-61

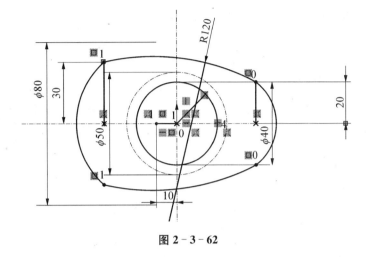

图 2-3-62

镜向完成后如图 2-3-63 所示。壳体底面草图完成,如图 2-3-63 所示。

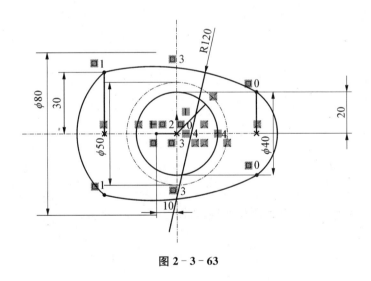

图 2-3-63

2. 特征变换

点击【特征】—【凸台拉伸】,在编辑特征的窗口中选择【草图基准面】,在左侧弹出的属性编辑栏的"方向"中的下拉菜单选择"两侧对称",再在长度中填入"50",如图 2-3-64、图 2-3-65 所示。

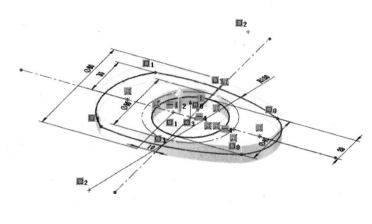

图 2-3-64　　　　　　　　　　　　　图 2-3-65

3. 前视基准面草图绘制

第一步　将视图调整为正视于【前视基准面】，如图 2-3-66 所示。

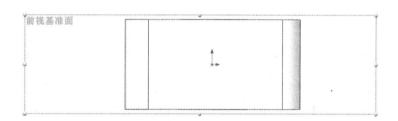

图 2-3-66

第二步　过原点绘制一条水平构造线，如图 2-3-67 所示。

图 2-3-67

第三步　在左、右各绘制一条长度为 7.5 的线段，如图 2-3-68 所示。

图 2-3-68

第四步　点击【镜向】,【要镜向的实体】选择上一步中绘制的两条长度为 7.5 的线段,
【镜向点】选择水平构造线,如图 2-3-69、图 2-3-70、图 2-3-71 所示。

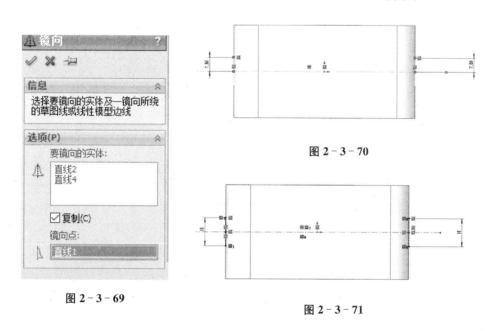

图 2-3-70

图 2-3-69

图 2-3-71

第五步　点击【圆弧】—【三点圆弧】绘制如下所示的圆弧,在【参数】输入圆弧半径为
150,如图 2-3-72、图 2-3-73 所示。

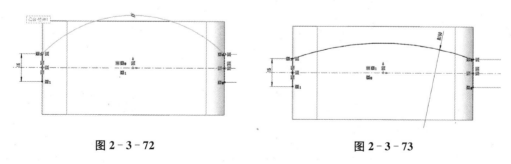

图 2-3-72

图 2-3-73

第六步　与上一步骤相同,绘制半径为 180 的圆弧,如图 2-3-74、图 2-3-75
所示。

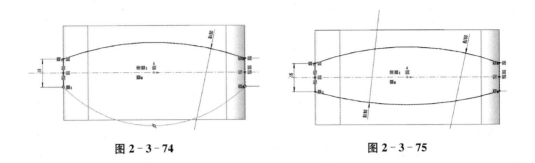

图 2-3-74   图 2-3-75

4. 特征变换

点击【特征】—【切除拉伸】，从草图基准面两侧拉伸，反侧切除，如图 2-3-76 所示。

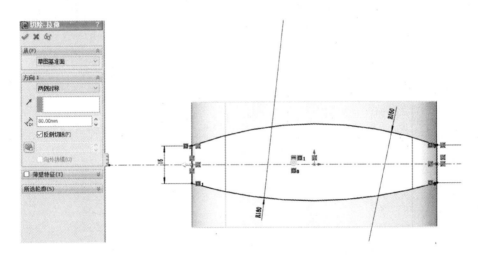

图 2-3-76

拉伸切除后的如图 2-3-77 所示。

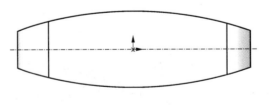

图 2-3-77

5. 上视基准面草图绘制

第一步 将视图正视于【上视基准面】，在上视基准面上编辑草图，如图 2-3-78 所示。

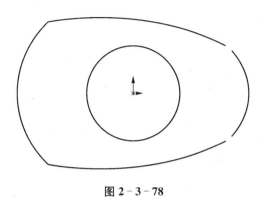

图 2-3-78

第二步 以原点为圆心,绘制一个直径为 50 的圆,如图 2-3-79 所示。

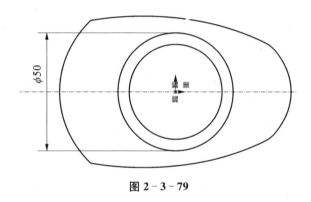

图 2-3-79

第三步 在水平构造线两侧绘制两条线段,线段的左右端点位于直径为 50 的圆的圆周上和右边圆弧上,如图 2-3-80 所示。

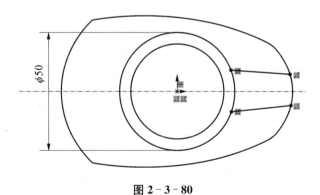

图 2-3-80

第四步 点击【添加几何关系】,所选实体为上一步骤中绘制的两条线段以及水平构造线,添加的几何关系为对称,使该两条线段关于水平构造线对称,如图 2-3-81 所示。

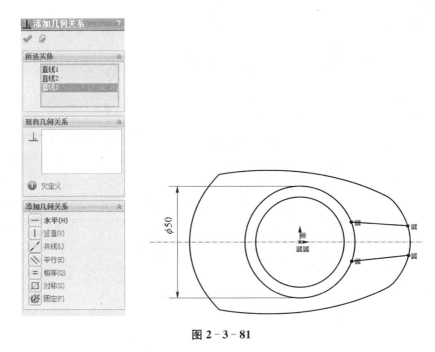

图 2-3-81

第五步　利用【智能尺寸】,先标注两条对称线段之间的夹角为 5°,两条线段右端点间的距离为 15,如图 2-3-82、图 2-3-83 所示。

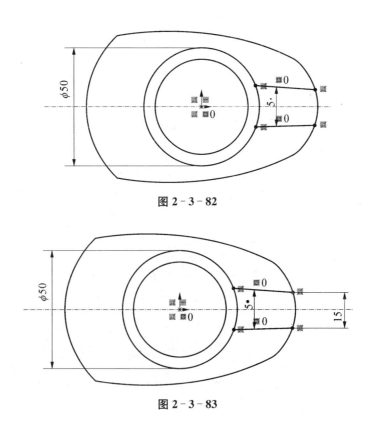

图 2-3-82

图 2-3-83

第六步　点击【裁剪实体】—【裁剪到最近端】,将多余的线段裁剪掉,裁剪之后如图 2-3-84 所示。

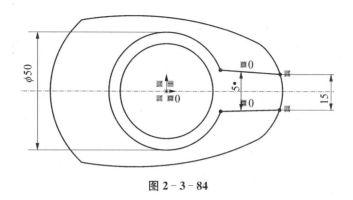

图 2-3-84

第七步　在工具选项卡上单击右键,勾选"曲面",调出曲面工具,如图 2-3-85 所示。

图 2-3-85

第八步　退出草图编辑状态,单击"退出草图",如图 2-3-86 所示。

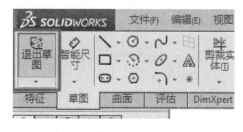

图 2-3-86

第九步　单击选项卡中的"曲面"后,单击"等距曲面"。单击左侧属性栏中的曲面选择框,再单击模型的上表面,并将参数改为 4,单击反向按钮,如图 2-3-87 所示。

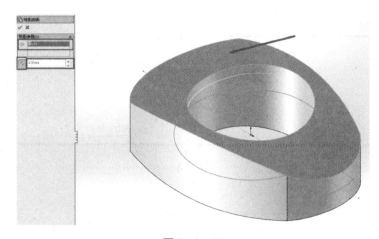

图 2 - 3 - 87

6. 特征变换

点击【特征】—【切除拉伸】，选择【等距】，距离输入 20，方向选择【成形到一面】，具体如图 2 - 3 - 88 所示。

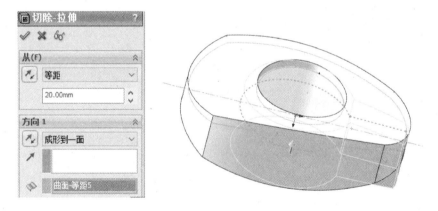

图 2 - 3 - 88

切除拉伸后，如图 2 - 3 - 89 所示。

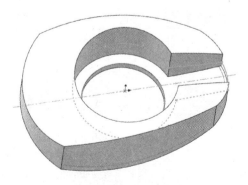

图 2 - 3 - 89

7. 上视基准面草图绘制

第一步　将视图调整为正视于上视基准面,进行草图绘制,如图 2-3-90 所示。

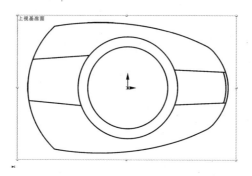

图 2-3-90

第二步　在水平构造线两侧绘制两条线段,如图 2-3-91 所示。

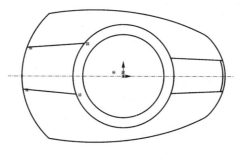

图 2-3-91

第三步　点击【添加几何关系】—选中上一步骤中的两条线段以及水平构造线,使这两条线段关于水平构造线对称,如图 2-3-92 所示。

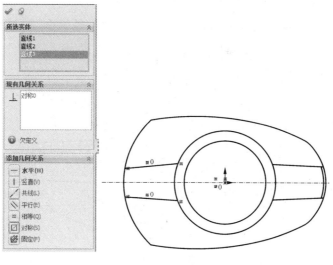

图 2-3-92

　　第四步　点击【智能尺寸】使关于水平构造线对称的这两条构造线之间的夹角为 8°,两条线段的左端点之间的距离为 25,如图 2-3-93 所示。

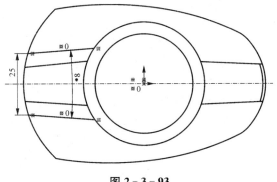

图 2-3-93

　　第五步　点击【圆弧】—【三点圆弧】,将关于水平构造线对称的两条线段的左端点用半径为 40 的圆弧连接,如图 2-3-94 所示。

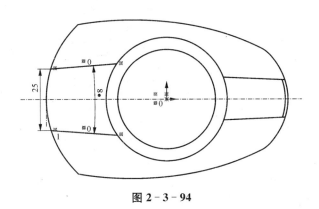

图 2-3-94

　　第六步　与上一步骤相同,将两条线段的右端点用半径为 25 的圆弧连接起来,如图 2-3-95 所示。

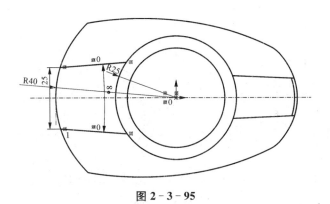

图 2-3-95

8. 特征变换

第一步　退出草图。单击"曲面"选项卡中的"等距曲面",如图 2-3-96 所示。

图 2-3-96

第二步　将属性栏参数修改为图 2-3-97 所示参数(注意"反向🔲")后单击确定。

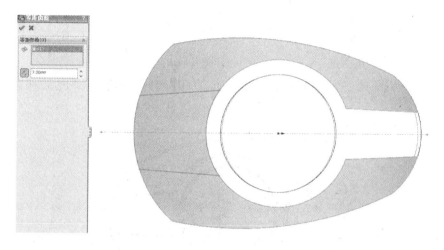

图 2-3-97

第三步　点击选项卡中的【特征】—【切除拉伸】,拉伸距离为 20,方向的特征参数如图 2-3-98 所示。

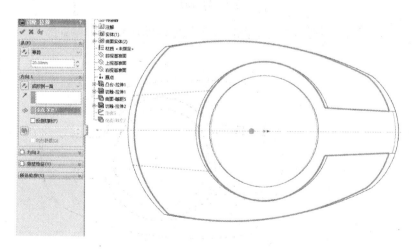

图 2-3-98

第四步　拉伸切除后的零件如图 2-3-99 所示。

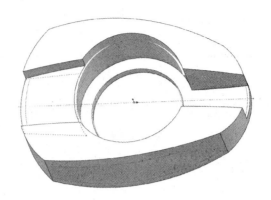

图 2-3-99

9. 上视基准面草图绘制

第一步　将视图调整为正视于上视基准面，点击【等距实体】，等距的距离为 3，如图 2-3-100 所示。

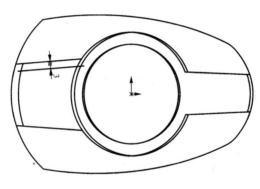

图 2-3-100

第二步　和上一步骤的【等距实体】相同，将左侧圆弧向右等距 4，如图 2-3-101 所示。

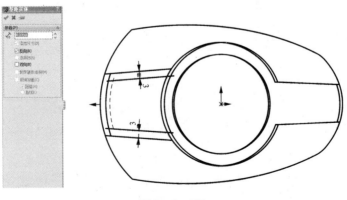

图 2-3-101

等距后如图 2-3-102 所示。

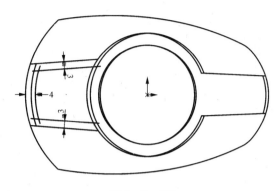

图 2-3-102

第三步　与上面的步骤相同,将右边等距如图 2-3-103 所示。

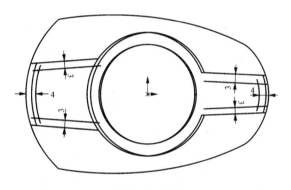

图 2-3-103

第四步　点击【裁剪实体】—【裁剪到最近端】,裁剪掉多余的线段,裁剪后如图 2-3-104 所示。

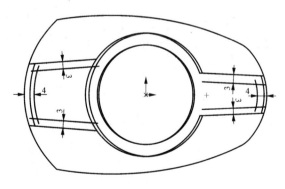

图 2-3-104

注意将左右两边的圆弧转换为实体,如图 2-3-105 所示。

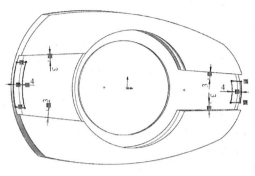

图 2 - 3 - 105

10. 特征变换

点击【特征】—【切除拉伸】,从【草图基准面】,方向 1,完全贯穿。方向 2,给定深度 34,如图 2 - 3 - 106 所示。

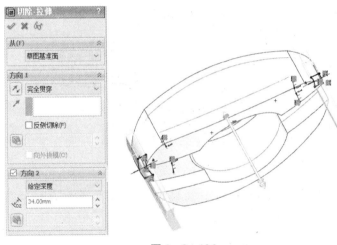

图 2 - 3 - 106

拉伸切除后的零件如图 2 - 3 - 107 所示。

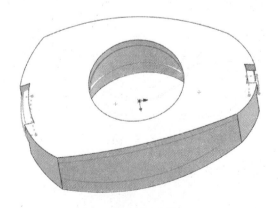

图 2 - 3 - 107

11. 上视基准面草图变换

将视图正视于【上视基准面】，先绘制一条水平构造线，如图 2-3-108 所示。

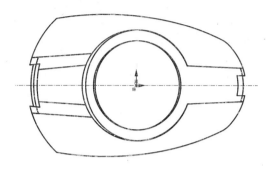

图 2-3-108

在水平构造线上绘制一个直径为 15 的圆，如图 2-3-109 所示。

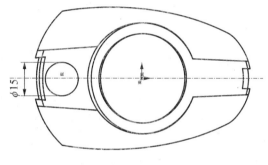

图 2-3-109

点击【智能尺寸】，圆心与原点之间的距离为 35，如图 2-3-110 所示。

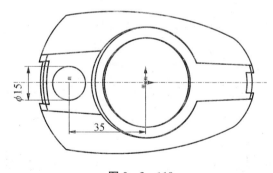

图 2-3-110

12. 特征变换

绘制完成后，单击"退出草图"，选择刚刚绘制的草图后，选择"特征选项卡"—【曲线】—【投影曲线】，如图 2-3-111、图 2-3-112 所示。

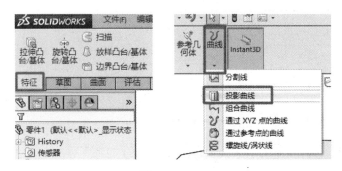

图 2-3-111

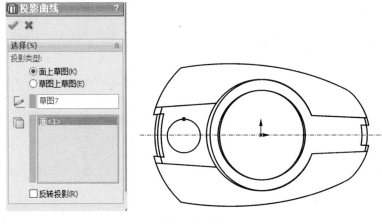

图 2-3-112

13. 前视基准面草图绘制

将视图正视于【前视基准面】,如图 2-3-113 所示。

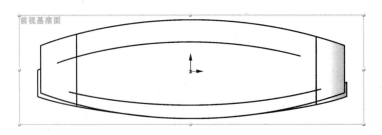

图 2-3-113

如图 2-3-114 所示,绘制一个直径为 2 的圆。

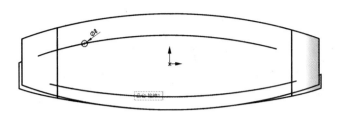

图 2-3-114

点击【添加几何关系】—使【圆】【穿透】直线,如图 2-3-115 所示。

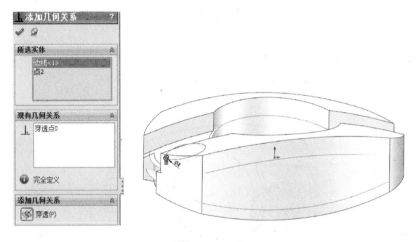

图 2-3-115

14. 特征变换

点击【特征】—【切除扫描】,轮廓和扫描路径如图 2-3-116 所示。

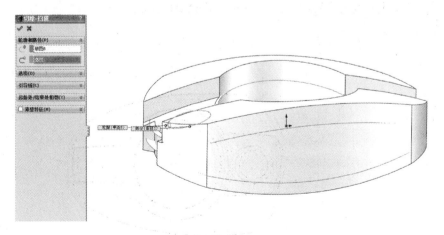

图 2-3-116

切除扫描后如图 2 - 3 - 117 所示。

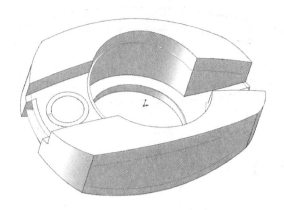

图 2 - 3 - 117

15. 上视基准面草图绘制

第一步　将视图调整为正视于【上视基准面】,如图 2 - 3 - 118 所示。

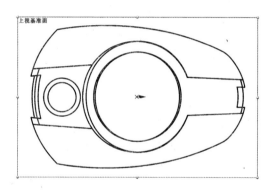

图 2 - 3 - 118

第二步　点击【等距实体】,如图 2 - 3 - 119 所示,距离为 2。

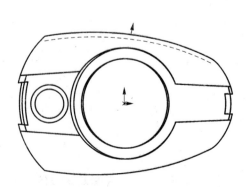

图 2 - 3 - 119

第三步　将轮廓等距实体,距离均为 2,等距实体后如图 2-3-120 所示。

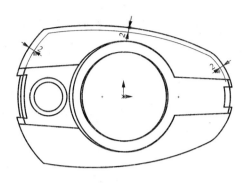

图 2-3-120

第四步　点击【裁剪实体】—【裁剪到最近端】,将多余的线段裁剪,裁剪之后如图 2-3-121 所示。

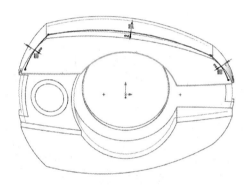

图 2-3-121

第五步　将内轮廓转换实体引用点击【转换实体引用】,如图 2-3-122 所示。

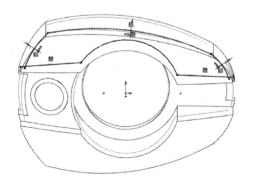

图 2-3-122

第六步　将视图正视于【上视基准面】,如图 2-3-123 所示。

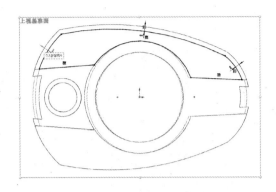

图 2 - 3 - 123

16. 特征变换

点击【特征】—【切除拉伸】,如图 2 - 3 - 124 所示,方向 1 到离指定面的距离为 2,方向 2 完全贯穿。

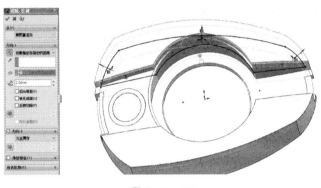

图 2 - 3 - 124

点击【镜向】,镜向的特征为上一步骤中【拉伸切除面】,镜向的基准面为【前视基准面】,如图 2 - 3 - 125 所示。

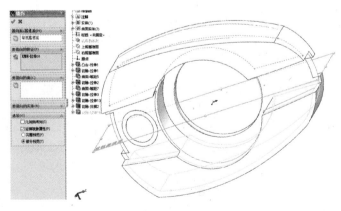

图 2 - 3 - 125

镜向之后如图 2 - 3 - 126 所示。

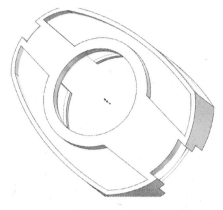

图 2 - 3 - 126

17. 上视基准面草图绘制

将视图正视于【上视基准面】,如图 2 - 3 - 127 所示。

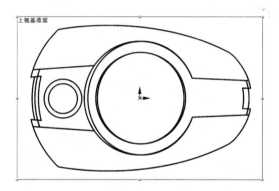

图 2 - 3 - 127

等距实体,等距实体的距离为 3,如图 2 - 3 - 128 所示。

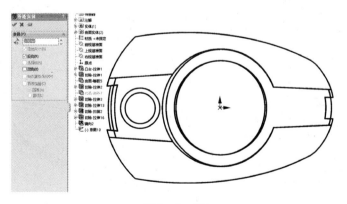

图 2 - 3 - 128

等距实体如图 2 - 3 - 129 所示。

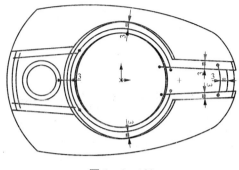

图 2 - 3 - 129

点击【裁剪实体】—【裁剪到最近端】,裁剪结束后如图 2 - 3 - 130 所示。

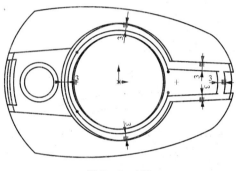

图 2 - 3 - 130

18. 特征变换

点击【特征】—【切除拉伸】,从草图基准面开始,方向 1 为到离指定面指定的距离,距离为 2,方向 2 为完全贯穿,如图 2 - 3 - 131 所示。

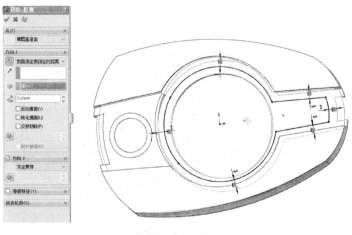

图 2 - 3 - 131

19. 草图绘制

点击【等距实体】，如图 2-3-132、图 2-3-133 所示，等距实体的距离为 3。

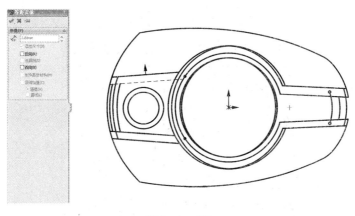

图 2-3-132

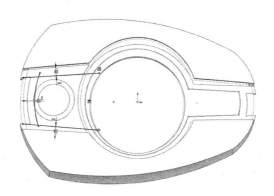

图 2-3-133

由于存在多余线段，故点击【裁剪实体】—【裁剪到最近端】，裁剪之后如图 2-3-134 所示。

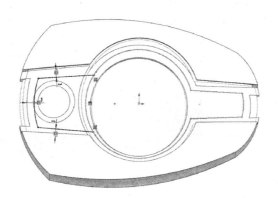

图 2-3-134

20. 特征变换

点击【特征】—【切除拉伸】,将属性栏参数修改为如图 2-3-135、图 2-3-136 所示参数后,单击确定。

图 2-3-135

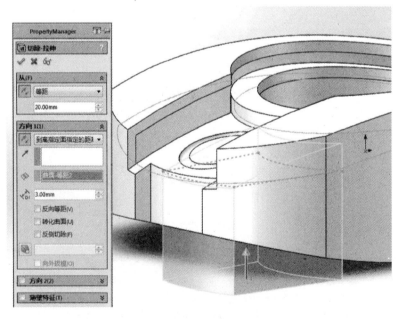

图 2-3-136

21. 在前视基准面进行草图绘制

第一步　将视角正视于前视基准面,如图 2-3-137 所示。

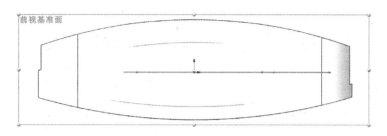

图 2-3-137

第二步　绘制水平、竖直两条构造线。

<blockquote>
注意　竖直构造线需要经过原点,水平构造线不需要经过原点,如图 2-3-138 所示。
</blockquote>

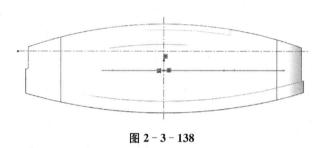

图 2-3-138

第三步　点击【直线】,绘制如图 2-3-139 所示的四条线段,先不进行尺寸标注,后面步骤会统一进行尺寸标注。

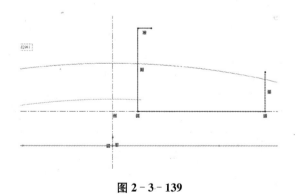

图 2-3-139

第四步　点击【圆弧】,用圆弧连接以下线段,如图 2-3-140 所示。

第五步　草图绘制完毕之后进行尺寸标注,点击【智能尺寸】按图 2-3-141 所示进行标注。

<blockquote>
注意　在标注圆弧时除了要标注图中基本尺寸外,还需按住 Ctrl 键,选中圆弧的圆心以及圆弧的上或者下端点,使之与圆心"竖直"或者"水平"。
</blockquote>

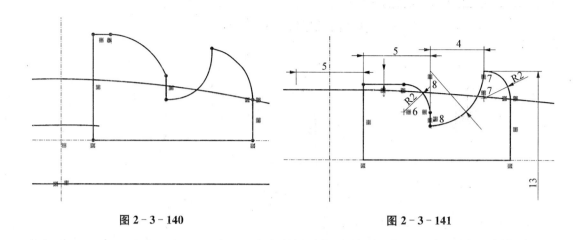

图 2 - 3 - 140   图 2 - 3 - 141

　　第六步　点击【镜向】,要镜向的实体为上一步骤绘制的草图,选中草图中的各条线段,镜向点为水平构造线,镜向如图 2 - 3 - 142 所示。

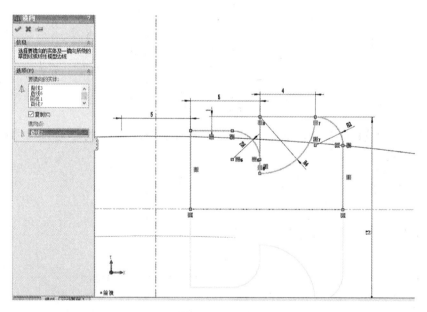

图 2 - 3 - 142

22. 特征变换

　　点击【特征】—【旋转】,将上一步骤绘制的草图沿竖直构造线旋转,如图 2 - 3 - 143 所示。

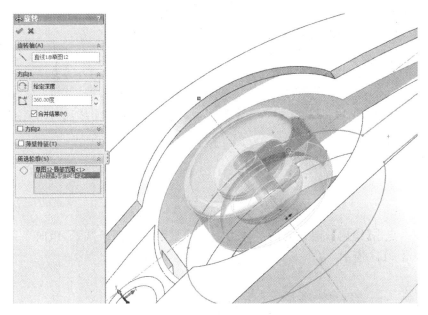

图 2-3-143

23. 上视基准面草图绘制

第一步　将视图正视于【上视基准面】,如图 2-3-144 所示。

第二步　经过原点,绘制水平、竖直两条构造线,如图 2-3-145 所示。

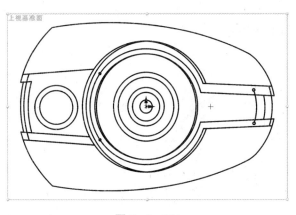

图 2-3-144

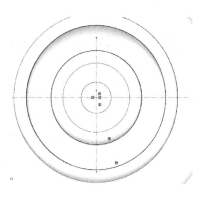

图 2-3-145

第三步　点击【圆弧】—【三点圆弧】,在左边绘制一个半径为 5 的圆弧,绘制完成之后,点击【镜向】,将圆弧镜向到右边,如图 2-3-146 所示。

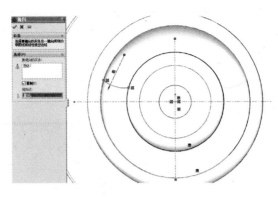

图 2 - 3 - 146

第四步　点击【镜向】，要镜向的实体为上一步骤绘制的两条圆弧，镜向点为水平构造线，如图 2 - 3 - 147 所示。

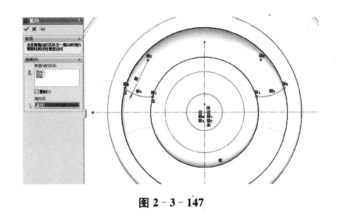

图 2 - 3 - 147

镜向之后如图 2 - 3 - 148 所示。

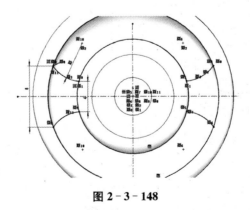

图 2 - 3 - 148

第五步　点击【裁剪实体】—【裁剪到最近段】，裁剪之后如图 2 - 3 - 149 所示。

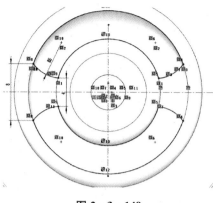

图 2-3-149

24. 特征变换

点击【特征】—【切除拉伸】，从草图基准面开始，方向 1 和方向 2 均为完全贯穿，如图 2-3-150 所示。

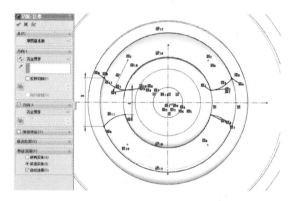

图 2-3-150

25. 上视基准面草图绘制

第一步　将视图正视于上视基准面，如图 2-3-151 所示。

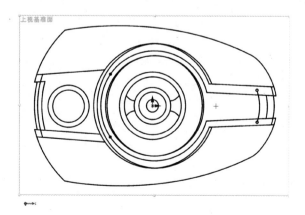

图 2-3-151

第二步　先绘制一条经过原点的水平构造线,如图 2-3-152 所示。

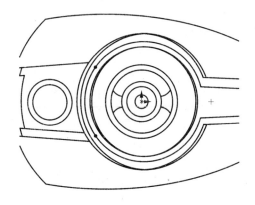

图 2-3-152

第三步　点击【转换实体引用】,将两个圆周转换为实体,如图 2-3-153 所示。

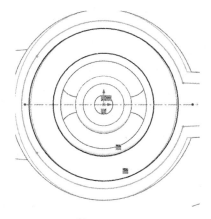

图 2-3-153

第四步　绘制两条线段,再点击【添加几何关系】,使这两条线段平行,如图 2-3-154 所示。

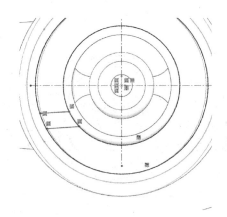

图 2-3-154

第五步　点击【智能尺寸】,使上一步骤绘制的两条线段之间的距离为 2,如图 2-3-155所示。

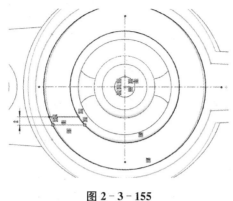

图 2-3-155

第六步　点击【智能尺寸】,标注如图 2-3-156 所示的尺寸。

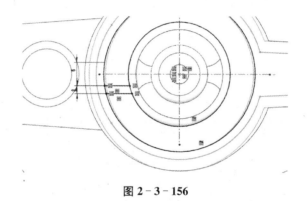

图 2-3-156

第七步　点击【镜向】,将前面步骤绘制的线段镜向到右边,镜向点为竖直构造线,如图 2-3-157 所示。

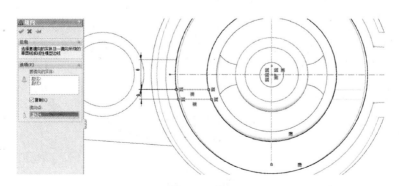

图 2-3-157

第八步　镜向后如图 2 - 3 - 158 所示。

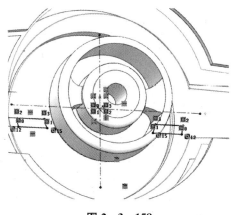

图 2 - 3 - 158

26. 特征变换

第一步　点击【特征】—【凸台拉伸】,编辑特征如图 2 - 3 - 159 所示。

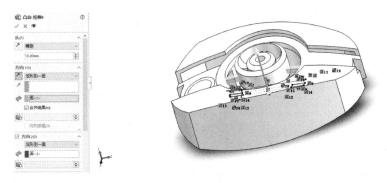

图 2 - 3 - 159

第二步　点击【镜向】,镜向面为前视基准面,镜向的特征为上一步骤的凸台拉伸,如图 2 - 3 - 160 所示。

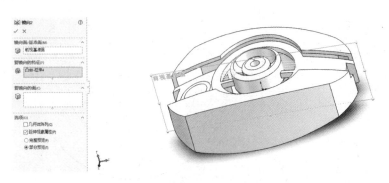

图 2 - 3 - 160

27. 完成零件体(如图 2 - 3 - 161)

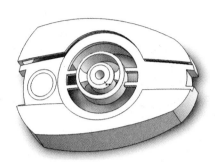

图 2 - 3 - 161

28. 创建工程图

采用上一节中创建工程图的方法,可根据个性需求得到工程图,例如图 2 - 3 - 162 中的工程图。

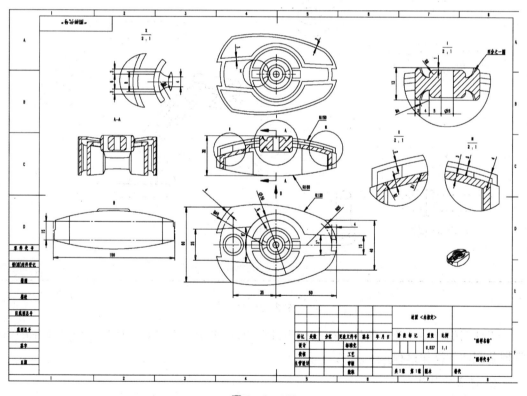

图 2 - 3 - 162

2.3.3　装配体

图 2 - 3 - 163 为机械臂,分别建立 3 个零件,并按要求进行装配。通过绘制学习装配体的操作。

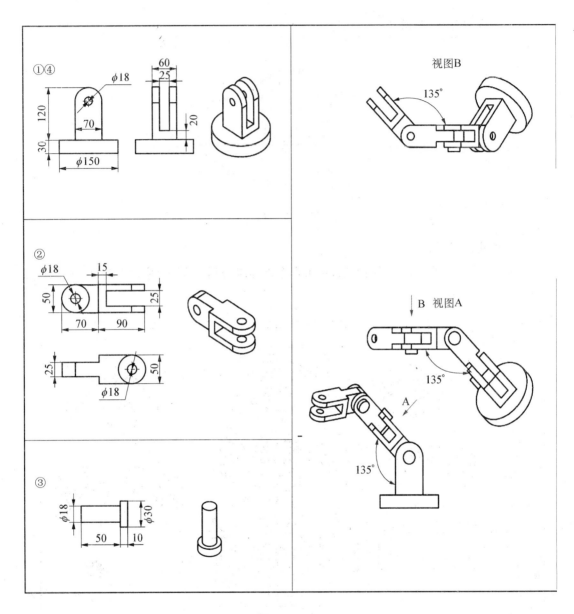

图 2 - 3 - 163

零件图的绘制在前面的例子中已经作过介绍,这里主要讲述装配体的装配过程,使学生掌握装配体的操作过程。

1. 建立零件体

按要求建立零件①②③的零件体,如图 2 - 3 - 164、图 2 - 3 - 165、图 2 - 3 - 166 所示。零件建立过程在此不再重复。

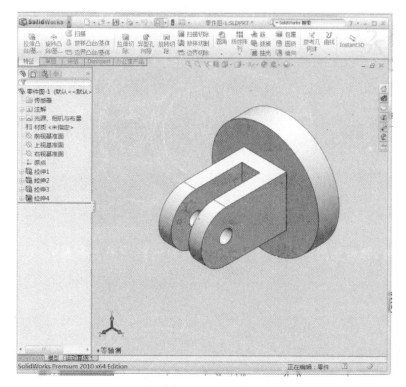

图 2 - 3 - 164　零件 1

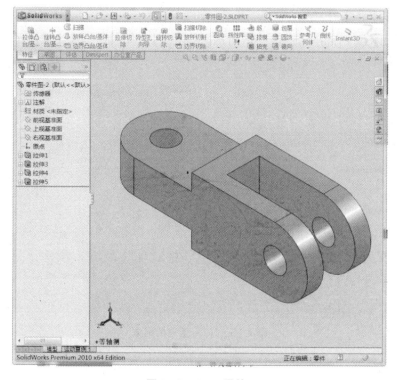

图 2 - 3 - 165　零件 2

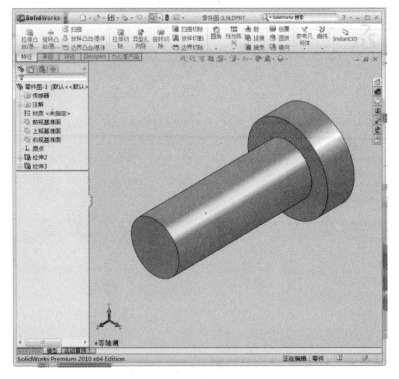

图 2 - 3 - 166   零件 3

2. 建立装配体文件

新建装配体文件,如图 2 - 3 - 167 所示。打开窗口,如图 2 - 3 - 167 所示,建立了一个新的装配体文件。

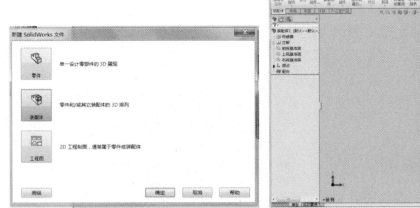
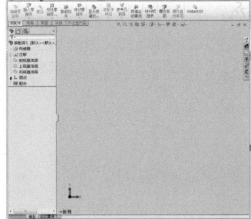

图 2 - 3 - 167   新建装配体

3. 导入零件

在窗口工具栏中选择"插入零部件",在窗口侧出现插入零部件框。此时,由于零件 1、零件 2 和零件 3 已在 SolidWorks 中打开,可以从"要插入的零部件"列表中直接选择添加。应用此功能键,可以插入零件,同时也可将装配体文件作为部件插入新的装配体中。如果零部件未在 SolidWorks 中打开,则需要通过"浏览"按文件保存目录进行查找后插入。将零件 1、零件 2 和零件 3 插入后如图 2 - 3 - 168 所示。这里有一点需要注意,在装配体中第一个被插入的零部件文件将被文件默认为固定模式,第一个以后插入的零部件则为浮动模式。零部件被固定后与装配体坐标系位置固定,无法在装配体中做相对坐标系的位置变动。如零部件需改变位置,则必须将其模式更改为浮动模式。

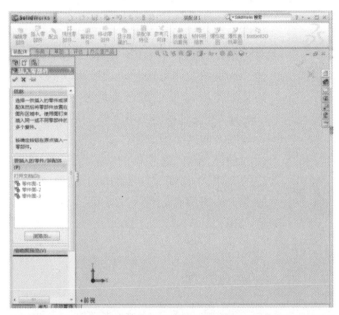

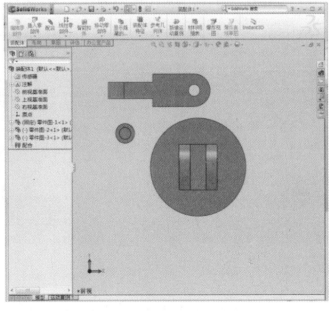

图 2 - 3 - 168

图 2 - 3 - 169

用鼠标选中零部件,点击右键,出现如图 2 - 3 - 169 所示的窗口,在其中选择"浮动",可实现零部件从固定模式到浮动模式的转换。应用此方法,同样可实现从浮动模式到固定模式的转换。

4. 装配零件

完成零件 1 和零件 2 的装配。按题目要求,零件 1 为机械臂的机座,将其作为第一个零部件插入装配体。利用第一个零件被装配体文件作为固定体的特点,其他零件以零件 1 的位置为标准进行装配。点击工具栏中的"配合"选项,窗口左侧出现对话框,如图 2 - 3 - 170 所示。此时,需要选择"要配合的实体",这里的实体可以是点、线、面。这里选择零件 1 和零件 2 的装配孔,两个孔的配合关系为同心。

此时,仅对零件 1 与零件 2 的径向进行了装配,还需要进行轴线方向的装配。零件 2 与零件 1 的轴向应按对称方式装配。选择"配合"选项中的"高级配合",选择"对称"。在"要配合的实体"中选择零件 2 的两个侧面,在"对称基准面"中选择零件 1 的对称面,则零件 2 的两个侧面将按基准面进行对称放置,如图 2 - 3 - 171 所示。

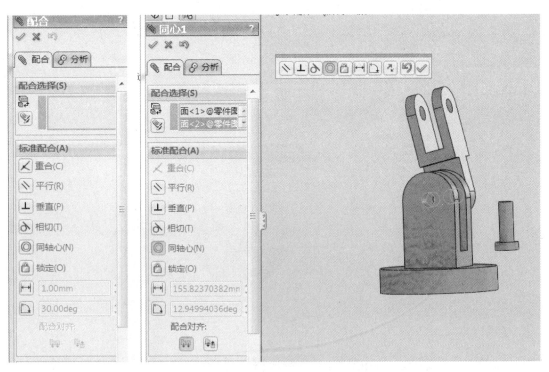

图 2 - 3 - 170

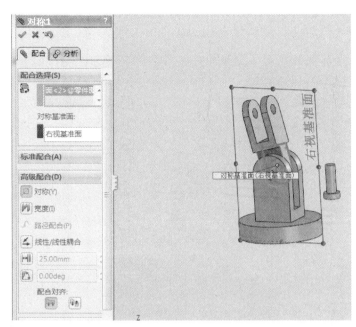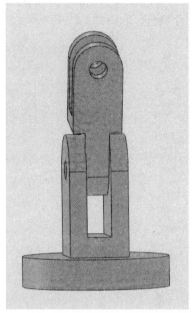

图 2 - 3 - 171

按题目要求,零件 1 和 2 之间有 135°的夹角。选择"配合",选择需要配合的两个面,点击"角度",设置角度值为"135"。如果出现角度或方向不正确的情况,可通过"反转尺寸"或"配合对齐",通过调整配合面间的关系完成要求,如图 2 - 3 - 172 所示。

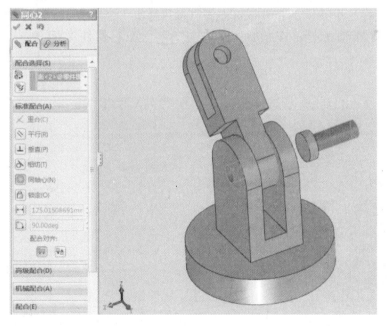

图 2 - 3 - 172

完成零件 1 与零件 3 的装配。打开"配合"窗口,选择零件 1(或零件 2)的孔面与零件 3

的柱面,进行"同轴心"装配,约束径向位置。选择零件 3 和零件 1 的配合面,进行面的"重合"配合,如图 2-3-173 所示。

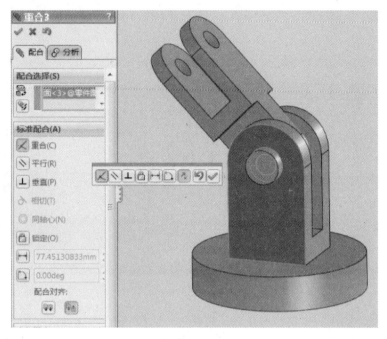

图 2-3-173

装配体中有 3 个零件 2,打开"插入零部件",在装配体中再插入后 2 个零件 2。或者在绘图区域直接选中零件 2,按住鼠标左键直接再拖出 1 个零件 2。分别选中两个零件 2 的装配孔进行同轴配合。按前面相同方法设置两个零件 2 间的 135°夹角,如图 2-3-174 所示。

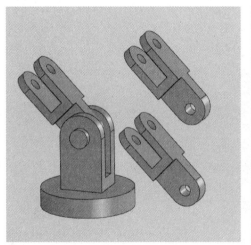
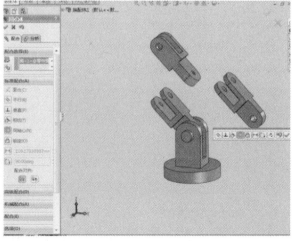

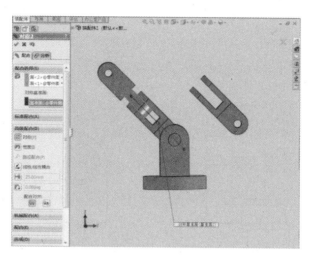

图 2-3-174

重复上述过程,将第 3 个零件 2 装配并设置夹角如图 2-3-175 所示。

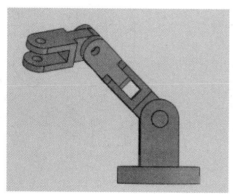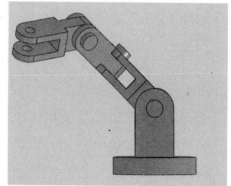

图 2-3-175

采用上述方法插入两个零件 3,重复相同过程将零件 3 装入装配体,得到题目要求的装配体。

习　题

1. 根据下图画出相应几何体。定义材料为普通碳钢,所有孔均为通孔,试求零件的重心坐标、体积和质量。

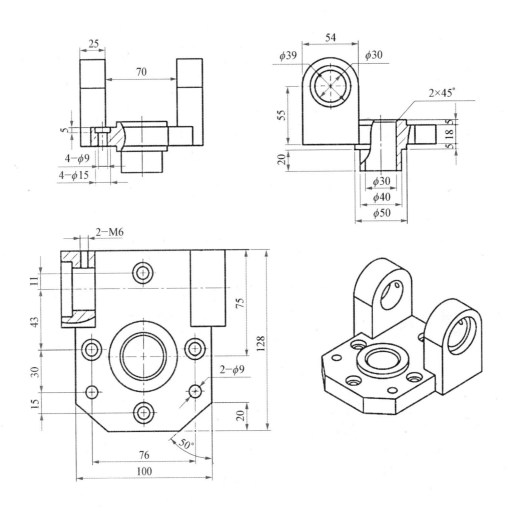

2. 根据下图画出相应几何体。

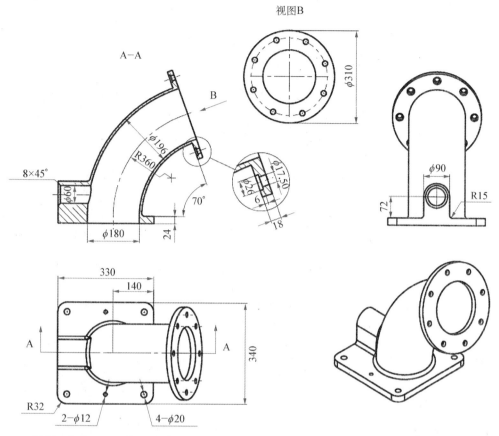

3. 根据下图画出相应几何体。

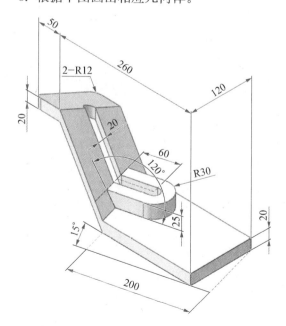

模型说明

1. 图中槽为通槽。其上侧端点位于上方边线的中央,其下侧端点位于圆柱的圆心。转折位置为图中虚线所示的中点。

2. 120°为两个面之间的角度。

4．根据下图画出相应几何体。

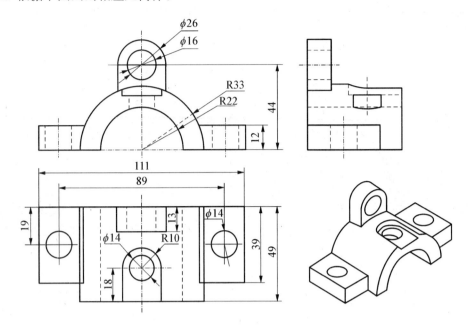

第 3 章　ADAMS/View 建模与实例

ADAMS/View 是 ADAMS 一个强大的模块,主要是用于前处理(建模)。它除了提供了强大的建模功能,同时也集成了仿真、优化分析的功能。通过对本章的学习,可以对 ADAMS/View 的主要功能及其操作步骤有一定的了解。

3.1　ADAMS 概述

ADAMS/View 是一个强大的建模和仿真环境,它可以建模、仿真并优化机械系统模型。ADAMS/View 可快速对多个设计变量进行分析直到获得最优化的设计。在 ADAMS/View 中创建模型的步骤与通常创建物理模型的步骤是相同的。

建模和仿真的步骤大体上可以分为下面几步:

第一步　建模(Build):创建零件、约束零件、定义作用在零件上的力;

第二步　测试模型(Test):测试特征、进行仿真、查看动画、查看结果曲线;

第三步　验证模型(Validate):输入测试数据、在绘制的曲线图上添加测试数据;

第四步　模型优化(Refine):添加摩擦、定义柔性体、施加作用力函数、定义控制;

第五步　迭代(Iterate):增加参变量、定义设计变量;

第六步　优化分析(Optimize):进行设计敏感性研究、完成试验设计、进行优化研究;

第七步　宏操作(Automate):创建用户菜单、创建用户对话框、以宏的形式记录并重新进行模型操作。

3.1.1　建模

1. 模型元素类型

复杂机械系统模型主要由部件、约束、力(驱动)、力元等要素组成。ADAMS/View 中的模型元素基本由这四类组成。

(1)部件:也称作构件。部件分为刚性部件和柔性部件。刚性部件是几何形体,在任何时候都不会发生改变,有质量属性和惯性属性。刚体的一种特殊形式是点质量体,即仅有质量,但没有惯性属性。柔性部件与刚性部件唯一不同的是其几何形体会发生改变。

(2)约束(驱动):将不同的部件连接在一起的模型元素。如各种铰、运动副等。驱动有位移驱动和旋转驱动。

(3)力:力有单分量力和多分量力,还包括力偶。

(4)力元:包括弹簧、梁、衬套等。

2. 创建部件

创建部件有两种方式：

一是通过在创建的机械系统中建立运动部件的物理属性来创建。部件分为刚性部件和柔性体部件，对这两种部件的创建方式有所不同。此外对具有不同几何实体类型的部件，其创建方式也有所不同。

刚体——ADAMS/View 提供几何构造工具和固体模型以便于创建刚体，也可以通过增加特性和进行布尔运算合并物体来优化几何形状。缺省情况下，ADAMS/View 使用刚体的几何信息来定义其质量和转动惯量，也可以将质量和转动惯量以数值的方式输入。

柔性体——使用 ADAMS/View，通过创建间断的柔性连接件和输出载荷来使用有限元工具，也可以通过使用 ADAMS/Flex 来导入复杂的柔性体工具。ADAMS/Flex 以物理模型测试的方式来考察这些物体。

二是在 ADAMS/View 中导入用三维造型软件建立的模型。ADAMS/Exchange 用来导入 CAD 几何信息以实际地观察模型的行为。ADAMS/Exchange 可从其他使用标准格式如 IGES，STEP，DXF/DWGHE，Parasolid 的 CAD 软件中导入几何图形。

3. 添加约束和驱动

约束被用来定义零件连接方式以及零件之间的相对运动。ADAMS/View 提供了一个约束库，其中有：

Idealized joints：如旋转副（hinge 铰链）或移动副（sliding dovetail 滑动榫头）。

Joint primitives：在相对运动上设置约束，如一个物体总是相对于另一个物体的平行移动约束。

Motions generators：驱动模型以时间为函数运行一段距离，具有一定速度或加速度。

Associative constraints：定义约束之间的运动，如配合或齿轮。

Two-dimentional curve constrains：定义点或者曲线怎样沿另一条曲线运动。

4. 增加力来控制零件运动

施加力作用在模型上。这些力将引起零件运动在约束上的反作用力。ADAMS/View 提供"作用力力库"，其中包括：

Flexible connectors：如弹性阻尼器和衬套。

Special forces：如空气动力学作用力，提供经常遇见的预定义作用力。

Applied forces：允许写入自己的方程式来代表力之间的关系。为了写好方程式，它提供了一个功能函数编辑器，它能引导写出方程式，并能在将其添加到模型之前估计其函数值。

Contacts：指出当模型运动中，物体之间在接触时所起的响应。

3.1.2　验证模型

在创建模型之后和在创建中的任何时刻，都可以测试模型，以确保所创建模型的正确性，并验证其系统特性。测试和验证模型可以按照以下步骤进行：

1. 定义输出结果（Measure）

通过 ADAMS，用户可以得到想要了解的信息，如部件上某个点的位移、速度、加速度、所受的力等，或者是施加在弹簧上的力或物体之间的距离或角度。这些信息的获得是通过定义测量来得到的。当进行模型仿真的时候，ADAMS 自动按加载在模型上的信息进行计算。计算的结果保存在测量中，用户可以实时观测到测量结果。

2. 仿真

在创建模型之后或在创建模型的任何时刻，都可以进行仿真以验证模型。在仿真时，ADAMS/View 给模型提供了 MSC 公司的分析引擎 ADAMS/Solver，它能够解决模型的运动方程问题。ADAMS/Solver 进行仿真时，ADAMS/View 演示模型的运动动画并显示测量对象的曲线图。ADAMS/View 提供了许多不同种类的仿真，包括动态仿真（计算模型的动态运动）、静平衡仿真等等，甚至能用 ADAMS/View 组装模型。

3. 查看仿真结果

在仿真完成之后，可重新进行仿真的动画演示，在任何时刻暂停或改变镜头角度。另外，也可以在 ADAMS/PostProcessor 中以曲线图的形式显示仿真结果。ADAMS/PostProcessor 可对所有指定的测量尺度绘制曲线，也可将仿真中 ADAMS/View 自动生成的结果以曲线的形式绘制出来。ADAMS/PostProcessor 可对绘制的曲线进行放大操作，查看曲线上数据的统计结果，如曲线的斜率或曲线的最大和最小值。

4. 验证仿真结果

通过从机械系统的物理测试中导入数据结果，并将其与 ADAMS/View 中仿真的结果进行比较，以验证模型的正确性，也可将测试数据以曲线图的形式在 ADAMS/View 中绘制以便更直观地比较。

5. 优化模型

在进行完最初的仿真以确定模型的最基本运动之后，可通过在其上增加复杂度来优化模型，如增加物体之间的摩擦，定义线性控制系统或通用状态平衡方程。也可通过将刚体改为柔性体或铰链改为柔性连接件来增加模型的真实性。为比较替代模型，通过建立随模型一同改变的自变量。自变量定义可以通过：

设计点——设计点以参数来表示建立的物体、位置和方向之间的关系。这样有助于探究几何位置和模型机械布局上的影响，但改变设计点的位置时，所有定义与之相关的物体的位置也相应自动改变。

设计变量——设计变量改变模型的某一方面的特征。例如，能为一个连接的宽度或者弹簧的刚度定义一个变量。也可进行通过在一定范围内改变某一参数值来考察因该变量改变所引起的设计敏感性的设计研究。

通过使用 MSC 公司的 ADAMS/Insight 能进行更复杂的试验设计。ADAMS/Insight 可设计复杂的试验来测试机械系统模型的性能。ADAMS/Insight 也提供了一套统计工具以分析试验的结果以便于能更好地理解如何优化并改进模型。

3.2　ADAMS 操作

3.2.1　启动

1. 启动 ADAMS/View

有两种方式启动 ADAMS/View,用户还可以定制启动 ADAMS/View 的方式以及启动后的工作界面。启动 ADAMS/View,如图 3-2-1 所示:

第一步　在命令提示符后,输入命令以启动 ADAMS 工具栏,并按回车键。MDI 提供的标准命令是 adamsx,其中 x 是版本号,如 adams12,就代表 ADAMS12,然后出现 ADAMS 工具条。

第二步　单击 ADAMS/View 工具,在 Windows 中启动 ADAMS/View。

第三步　在"Start"菜单中,指向程序"Programs",指向"ADAMS12.0",指向"Aview",然后选中"ADAMS-View"。

第四步　启动 ADAMS/View 后,出现 ADAMS/View 主窗口。如果是定制用户窗口,则出现的窗口会是不同的。

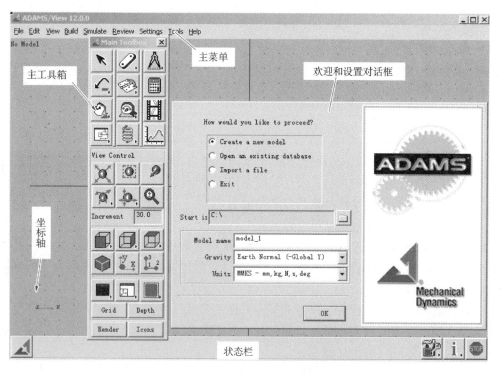

图 3-2-1　ADAMS/View 主窗口

在 ADAMS/View 主窗口中出现的基本元素包括:主工具箱、窗口标题栏、菜单栏、欢迎对话框、坐标系、状态条。

2. 创建新的建模任务

当启动 ADAMS/View 时,ADAMS/View 显示一个欢迎对话框,有四个选项:创建一个新的模型、打开已存在的数据库(模型)、从文件导入、退出。当使用"New Database"命令创建新的模型数据库以保存模型时,ADAMS/View 也显示欢迎对话框,如图 3-2-2 所示。

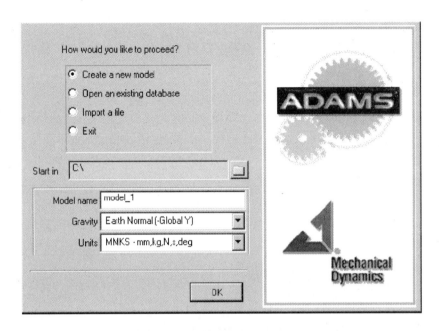

图 3-2-2　欢迎对话框

使用欢迎设置对话框:

(1) 按用户需要,选择下列选项之一。

Create a new model——以一个新的模型数据库来启动一个新的模型任务。

Open an existing database——打开一个已存在的模型数据库。

Import a file——通过读入 ADAMS/View 命令文件或者 ADAMS/Solver 数据类型来开创一个新的模型任务。

Exit——退出 ADAMS/View 而不做任何操作。

(2) 设置工作目录。

ADAMS/View 将保存所有文件于该目录中,也可以打开保存在该目录中已有的文件,可在任何时刻改变工作目录。

(3) 如果选择创建新模型,按以下步骤操作:

在模型名字"Modal name"文字栏,输入要分配给新模型的名字。最多可输入 80 个字符,但不包括特殊字符,如空格或句点。

选择新模型的重力设置。可选择:

Earth Normal——设置向下的 1G 重力。

No Gravity——关闭重力。

Other——设置重力。在欢迎对话框上选择"OK"后,出现重力设置对话框。

为模型设置单位。在所有的预置单位系统中,时间单位是秒,角度是度。可设置:

MMKS——设置长度为千米,质量为千克,力为牛顿。

MKS——设置长度为米,质量为千克,力为牛顿。

CGS——设置长度为厘米,质量为克,力为达因。

IPS——设置长度为英寸,质量为斯勒格(slug),力为磅。

(4) 选择"OK"。

ADAMS/View 创建一个新模型。如果创建模型时选择了设置重力,就会出现重力设置对话框。

3. 保存模型数据库

通过使用"Save Datebase"命令以 ADAMS/View 二进制文件保存当前模型数据库。以二进制文件保存模型数据库可以保存所有的模型信息,包括做的定制菜单和修改的界面。

(1) 选择下列操作之一:

在"File"菜单选择"Save Database"。

在标准工具栏,选择"Save Datebase"工具。

如果文件早已存在,ADAMS/View 出现一个消息框询问是否为当前数据库文件创建一个备份文件。

(2) 进行下列操作之一:

Yes——创建已存在数据库的备份文件并保存数据库,但 ADAMS/View 创建了备份文件时,它会在文件扩展名后加一个百分号"%"(如:model. bin%)。

No——以当前数据库内容覆盖已存在的数据库文件而不备份。

Cancel——退出命令而不保存数据库。

4. 撤销和重复操作

撤销大部分 ADAMS/View 命令。ADAMS/View 可记住最多 10 个操作。如果进行了误操作,可通过选择"Undo"来撤销删除。注意不能撤销如"File"菜单中的命令。

撤销操作,下列操作中两者选一:

(1) 在"Edit"菜单中,选择"Undo"。

(2) 在主工具栏和标准工具栏中选择"Undo"工具。

快捷键:同时按住 Ctrl+z。

重复操作,下列操作中两者选一:

(1) 在"Edit"菜单中,选择"Redo"。

(2) 在主工具栏和标准工具栏中选择"Redo"工具。

快捷键:同时按住 Ctrl+Shift+z。

5. 取消操作

取消在 ADAMS/View 中做的任何操作,如退出对话框或绘图操作,停止动画或仿真。

取消操作,在下列操作中两者选一:

(1) 在对话框上选择"Cancel"按钮。

(2) 按住"Esc"键或选择在状态条上的"Stop"工具。

6. 退出 ADAMS/View

（1）在"File"菜单中,选择"Exit"。

（2）如果没有保存工作,ADAMS/View 将询问是否保存工作：

保存工作并退出 ADAMS/View,选择"OK"。如果想在当前目录中以新的名字保存模型,在"Filename"文字框中输入文件名。

退出而不保存工作,选择"Exit,Don't Save"。

继续使用 ADAMS/View,选择"Cancel"。

> **注意** 如果退出 ADAMS/View,而没有保存工作,通过使用 aview.log 文件来恢复工作。

3.2.2 定义建模环境

当在 ADAMS/View 中开始一个新的任务时,它会要指明单位系统和重力来定义建模的环境。此外在工作的任何时候,可以重新定义建模环境。

1. 定义坐标系

当第一次启动 ADAMS/View 时,在窗口的左下角显示了一个三视坐标轴。该坐标轴为模型数据库的全局坐标系。缺省情况下,ADAMS/View 用笛卡儿坐标系作为全局坐标系。ADAMS/View 将全局坐标系固定在地面上,也可将笛卡儿坐标系改为柱面坐标系或者球面坐标系。ADAMS/View 对于输入的任何值以及其显示的值都使用缺省坐标系。对于输入和输出数据 ADAMS/View 也使用缺省坐标系。

2. 坐标系统类型

ADAMS/View 以三种不同的坐标系统来定义位置：笛卡儿坐标系、柱面坐标系、球面坐标系。缺省情况下是笛卡儿坐标系。

3. 设置缺省坐标系

按以下步骤操作：

第一步 在设置"Setting"菜单中,选择"Coordinate System"。在"Move"工具栏中,选择"Coordinate System"工具,出现坐标系统设置对话框。

第二步 选择坐标系统类型。

第三步 选择坐标系统定向类型和选择持续。

第四步 选择"OK"。

4. 设置测量单位

通过设置 ADAMS/View 用来定义尺寸的单位。ADAMS/View 自带有预定义的单位,在建模的任何时刻都可以改变单位系统。

第一步 在"Setting"菜单中,选择"Units",出现单位设置对话框,如图 3-2-3 所示。

第二步 选择尺寸单位。

MMKS——设置长度为千米,质量为千克,力为牛顿。

NKS——设置长度为米,质量为千克,力为牛顿。

CGS——设置长度为厘米,质量为克,力为达因。

IPS——设置长度为英寸,质量为斯勒格,力为磅。

第三步　选择"OK"。

5. 定义重力

定义重力加速度的大小和方向。对于每个有质量的零件,重力作用点在其质心处。

第一步　按下列方式打开重力定义对话框,如图 3-2-4 所示:

在"Setting"菜单中,选择"Gravity"。

在"Create Forces"工具栏,选择"Gravity"工具,出现重力设置对话框。

第二步　按需要设置重力。

参照全局坐标系,在 x,y 和 z 方向设置重力加速度。

第三步　选择"OK"。

6. 设置工作目录

缺省情况下,ADAMS/View 在运行 ADAMS/View 的目录中搜寻和保存文件,也可改变工作目录。

第一步　在"File"菜单中,选择"Select Directory";

第二步　选择 ADAMS/View 将要保存文件的目录;

第三步　选择"OK"。

图 3-2-3　单位设置对话框图

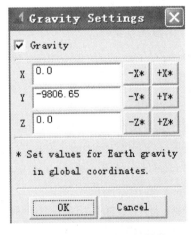

图 3-2-4　重力设置对话框

7. 局部坐标系

当创建零件时,ADAMS/View 给每个零件分配一个坐标系,也就是局部坐标系。零件的局部坐标系随着零件一起移动。局部坐标系可以方便地定义物体的位置,ADAMS/View 也可返回零件的位置——零件局部坐标系相对于全局坐标系的位移的仿真结果。

8. 零件自由度

创建的每个可移动的刚体都有六个自由度,点质量有三个自由度,可通过以下方法定义

零件自由度:

第一步　将它们固定在地面上,这样就意味着它们与地面固定,而且不能向任何方向运动。每创建一个几何体,ADAMS/View 就会让用户选择:将其添加到地面上,创建一个新的零件或者将其添加到已存在的零件上。

第二步　添加约束,比如铰链,来定义零件之间怎样联系和它们之间的相对运动。

9. 在开始创建零件之前所需做的其他工作

第一步　打开栅格点,这样鼠标就容易捕捉栅格点,ADAMS/View 可将绘制的物体平行放置于当前工作栅格。

第二步　打开坐标系窗口,以便于查看绘制点的坐标值。

第三步　为当前模型设置所需的单位。

第四步　熟悉绘制和布局的不同工具。

10. 创建刚体的方法

在创建刚体的时候,可按以下方式操作:

第一步　创建包含几何体的新零件。

第二步　在已存在的零件上增加几何体。

第三步　在地面上增加几何体。如果几何体不移动或者对模型的仿真没有影响,将几何体添加到地面上。

3.2.3　几何建模工具

在 ADAMS 下建模工具的调用有两种方式:

(1) 通过主工具箱调用建模工具。在主工具箱中,几何建模按钮上点击鼠标右键,按住右键不放,将鼠标拖至所选的建模工具图标,然后松开右键,选择有关建模工具。主工具箱下部显示所选建模工具的基本参数设置对话栏。如果希望显示更详细的浮动建模工具和基本参数设置对话框,可以选择图标。

(2) 在 Build 菜单中,选择 Bodies/Geometry 项,显示建模工具对话框,从中选择绘制几何形体工具,再选择输入建模参数并绘制模型。

3.3　ADAMS 实例

例 3-1　自由落体运动

模拟球体的自由落体运动。球体从 250 mm 高处落下,与钢板发生接触。球体的直径为 40 mm,钢板为 100 mm×100 mm,厚度为 10 mm,球体和钢板的材料为钢。

1. 创建文件

打开 ADAMS,建立一个新文件,如图 3-3-1 所示。选择单位为:mm,kg,s,deg,重力方向为 Y 轴负半轴。在 ADAMS 中几何模型主要有两种建立方式:直接在软件条件下建立模型;由外部导入模型。

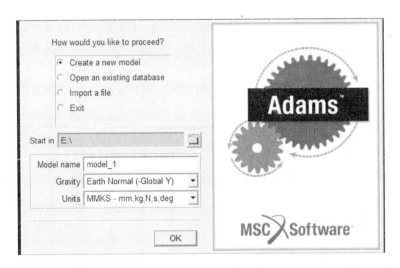

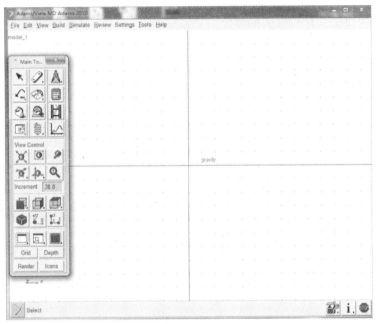

图 3 - 3 - 1

2. 建立几何模型

在软件中直接建立几何模型,可点击工具窗口的 ⟨图标⟩ 打开几何体建模窗口,或是通过工具栏的【Build】—【Bodies/Geometry】打开几何建模窗口,如图 3 - 3 - 2 所示。

图 3 - 3 - 2

在几何建模窗口中点击【球体】,点选半径开关,输入 20 mm,得到直径 40 mm 的球体,如图 3 - 3 - 3 所示。

点击【长方体】,点选长、高、宽,输入 100、10、100 mm,得到钢板。如果球体与钢板间的相对位置不正确,可以点击 图 选择相应的零件进行移动或旋转,使零件间的相对位置达到要求。如图 3 - 3 - 4 所示,旋转或移动的步长和角度可自行写入。

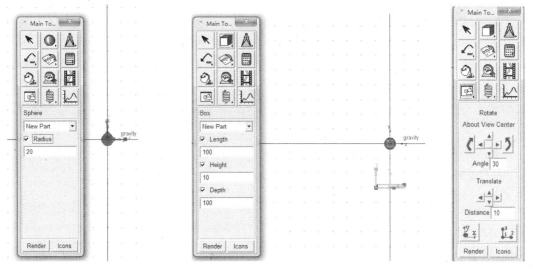

图 3 - 3 - 3　　　　　　　　　　　　　　　　　　　　　　　图 3 - 3 - 4

几何模型还可由外部文件导入程序中。在其他几何建模软件中建立装配体，如 SolidWorks，将该装配体文件保存为 x_t，stp，igs 等格式的文件。

3. 建立模型属性和约束关系

模型中所有零件都需要具有材料特性，否则无法进行计算。选择零件，点击右键，选择【修改】，打开材料特性编辑窗口，如图 3-3-5 所示。这里设置球体和钢板的材料均为钢材。

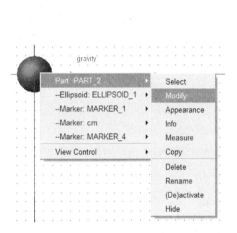
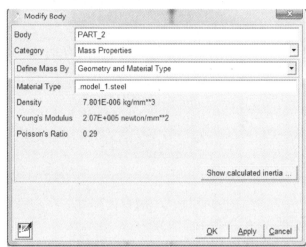

图 3-3-5

本题中，钢板放置在地面上，球体放置在空中。球体在计算开始时，在重力作用下，沿重力方向做自由落体运动，直至与钢板发生接触。这里主要关心球体与钢板接触后的运动情况。因此，钢板与地为固定约束关系，球体为自由体不做约束，钢板与球体间建立接触约束。注意，如果两零件间没有接触约束关系，将视其他零件为"空气"般不存在，则在运动过程中直接穿过零件，运动不受任何影响。

首先建立钢板与地面间的固定约束。点击【Joint】，选择【Fixed】。选择方式为在图中直接点选两个零件进行约束。选择第一个零件——钢板，由于建模区域内任何空白区域都是"Ground"，则点击空白区域选择一地，最后点选放置固定约束图标的位置。在选择过程中注意光标跟随的小图标中会显示选中目标的名称，如图 3-3-6 所示。

建立钢板与球体间的接触约束关系。点击【Connector】，选择【Contact】，打开接触

图 3-3-6

对话框。可在【Contact Name】设置接触对的名称,避免使用汉字名称。接触类型有多种,最常用的为体—体型,这里选用这种类型。接触体 1 选择球体,接触体 2 选择钢板,接触体的选择顺序任意,与计算结果无关。接触力选择【Impact】方式,以下的刚度、力指数、阻尼、渗入深度,按默认参数设置,如图 3 - 3 - 7 所示。

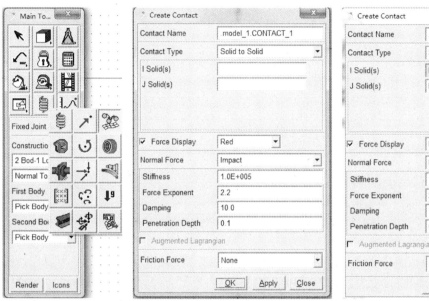
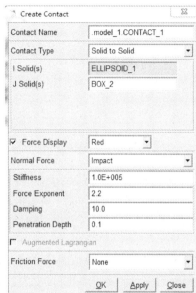

图 3 - 3 - 7

检查模型中的相对位置关系、材料属性配置关系、约束设置关系。

4. 仿真计算

完成模型的配置后,进行仿真计算。点击【Simulation】,打开计算对话框。选择【End Time】方式进行设置,下一行输入的时间为从开始到结束的总模拟计算时间。这里输入 5,也就是说模拟从 0 时刻到 5 秒结束,共持续 5 秒时间长度的运动过程。迭代计算方式有步长和步数两种,这里选择步数【Step】方式,计算结果按步数保存,即步数 100,计算结果保存 100 个输出数据。因此,步数太少计算结果无意义,但步数太大则导致输出数据量大,这里将计算步数设为 1 000 步,即每 5 ms 输出一次计算结果数据,如图 3 - 3 - 8 所示。设置完成后,点击【Start】,开始计算。

5. 数据分析和处理

计算完成后,点击工具框中的【Plotting】,进入后处理窗口。在数据源中选择【Result sets】,在结果集合【Result set】中可看到两个零件、接触对及固定约束的名字,在这里选择相应的输出对象就可将二维图输出在中间的图表区域内,如图 3 - 3 - 9 所示。

图 3 - 3 - 8

图 3 - 3 - 9

例如,观察球体在整个运动过程中的位移、速度和加速度变化情况,可进行如下操作。用鼠标选中球体零件名称(这里为 part2),球体的主位移方向为 Y 方向,在其后的【Component】中选中 Y,最后点击右侧的【Add Curves】,曲线图出现在图表区。这里的横坐标默认为时间,所选的 Y 表示 Y 方向的位移,输出为球体的时间表—位移曲线。按相同方法,选中 VY(速度)、ACCY(加速度),可将速度和加速度曲线添加在图表区,如图 3 - 3 - 10 所示。

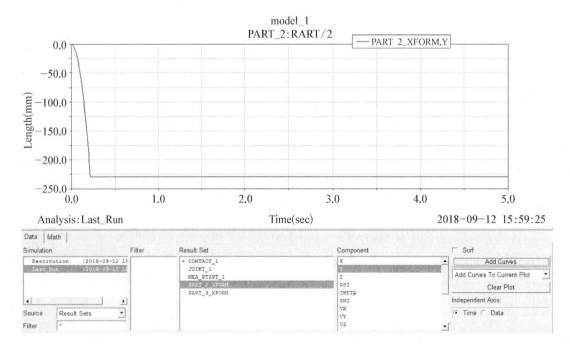

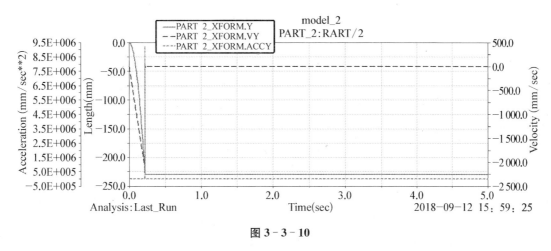

图 3 - 3 - 10

从曲线关系可看出,球体向下做自由落体运动,直到与钢板相遇,与钢板发生接触后将停留在钢板上。球体沿 Y 轴方向的速度最大可达 2 100 mm/s,最大加速度发生在接触过程中,可达 9×10^6 mm/s²。

例 3 - 2 平面四杆机构

平面四杆机构是一种经典机构类型,广泛应用于生产实际,分为双曲柄、曲柄摇杆和双摇杆三种类型。本文以曲柄摇杆为例进行仿真计算模拟。

本题中机架杆长 200 mm,曲柄长 60 mm,连杆长 120 mm,摇杆长 150 mm。杆的厚度为 5 mm。曲柄为主动件,转速每分钟 10 转。各杆材料取为钢材。

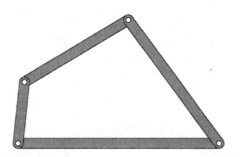

1. 建立几何模型

在 SolidWorks 中建立几何模型,将装配体保存为 *. x_t 格式的文件。需要注意的是,在 SolidWorks 中建立的所有约束关系,在 Adams 中均无效,需重新设置。但零件间的相对位置关系会保留,由于 Adams 软件的装配功能较弱,建议在建模软件中将装配各零件设置于初始位置状态。

在 ADAMS 工具栏中点击【File】-【Import】,在窗口中选择相应的文件类型,即可导入几何装配体模型,如图 3 - 3 - 11 所示。

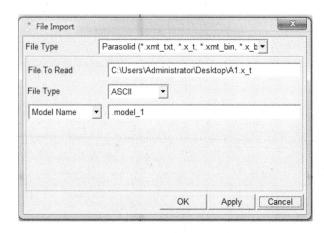

图 3 - 3 - 11

　　在 SolidWorks 中完成机构的位置设定，定义曲柄在最左侧为机构的初始位置，如图 3 - 3 - 12 所示。为便于观察构件的运动情况，可修改零件的外观颜色。颜色可以在 SolidWorks 中修改，也可在 ADAMS 中完成。

图 3 - 3 - 12

　　在 ADAMS 中进行零件颜色修改的过程如下。点击所需零件点击鼠标右键，选择零件名称下方的【Solid】—【Appearance】，打开【Edit Appearance】窗口，如图 3 - 3 - 13 所示。点选【Color】框，点击鼠标右键选择【Guesses】，就可在出现的颜色列表中选择所需的颜色，如图 3 - 3 - 14 所示。点击确认后完成颜色修改。

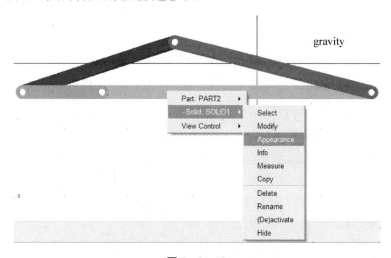

图 3 - 3 - 13

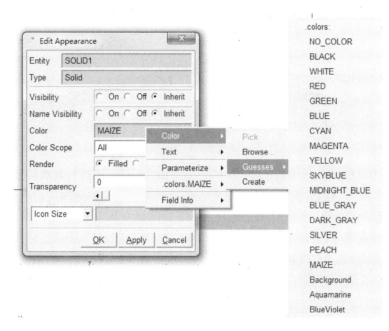

图 3 - 3 - 14

2. 零件属性、约束关系、计算

　　为在后处理时易于分辨零件，首先为各零件进行重命名。点击需要重命名的零件，点击右键选择【Rename】，打开重命名对话框，在【New Name】中键入零件的新名字。在 ADAMS 软件使用过程中，避免出现汉字，分别将 4 个杆件取名为 jijia、qubing、liangan 和 yaogan，如图 3 - 3 - 15 所示。实际上，所有零件可以直接与"地"进行约束，机架可以不用导入软件，这里将机架保留，主要考虑便于控制曲柄与摇杆间的相对位置。

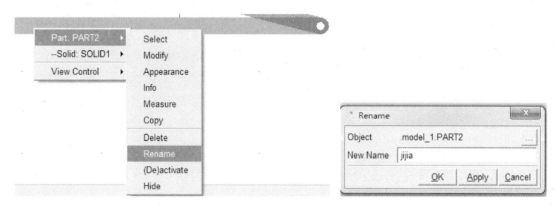

图 3 - 3 - 15

　　进行各零件的材料配置，方法与例 1 相同。完成材料配置后，图中会显示各零件的质心位置，如图 3 - 3 - 16 所示。材料配置是建模中的必需步骤，没有材料属性，模型无法进行仿真计算。如遗漏材料配置过程，点击计算后软件会报错，无法执行计算。

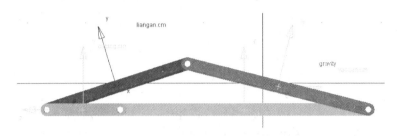

图 3 - 3 - 16

四杆机构中,机架与地为固定约束,曲柄与机架、曲柄与连杆、连杆与摇杆及摇杆与机架间均为转动约束。机架与地间的固定约束建立方式与例 1 相同。建立固定约束后,点击工具框中【Joint】中的【Revolute】打开对话框。选择在两零件间建立约束方式,选择第一个约束零件,再选中第二个约束零件,最后用鼠标选中转动中心,如图 3 - 3 - 17 所示。以建立曲柄与机架间的转动约束为例,先点击机架,再点击曲柄,最后点击机架与曲柄配合的轴孔中心,完成约束的定义。建立约束时零件选择的先后顺序随意,不影响计算结果。而后重复转动约束的设置过程,建立曲柄与连杆、连杆与摇杆及摇杆与机架间的转动约束。可随意确定约束建立的先后顺序,但随意建立约束,极易遗漏或重复建立约束,建议按一定顺序完成约束的设置。这里按顺时针方向完成约束的设置。

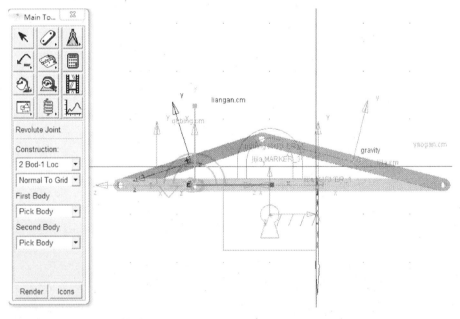

图 3 - 3 - 17

约束完成设置后,图形区域会显示图标,如图 3 - 3 - 18 所示。

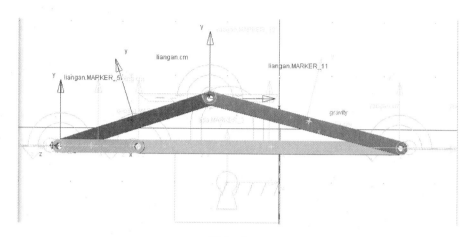

图 3 - 3 - 18

约束在完成后可随时进行编辑，选中相应【Joint】，可进行重命名、删除、修改等操作。打开【Modify】对话框，可完成约束对象、约束类型等的修改，如图 3 - 3 - 19 所示。

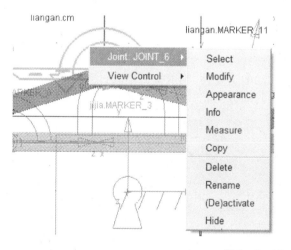
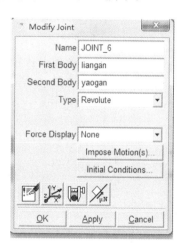

图 3 - 3 - 19

最后设置主动件的转动。曲柄为主动件，曲柄绕机架间的转动为主动运动，这里在曲柄与机架间的转动副上设置主动转动。按要求转速为每分钟 10 转，即每秒 60°。在工具框上点击【Motion】，选择【Joint Motion】。打开编辑对话框，约束类型为旋转，方向为转动，使用定义为函数方式。运动为匀速转动，在函数输入框中输入 60 d，由于单位设置为度、秒，这里表示每秒 60°，如图 3 - 3 - 20 所示。

> **注意**　　d 不能省略，如输入 60 则表示每秒 60 rad。

转速默认方向为逆时针方向，如方向为顺时针可在数据前写入负号。下方的类型选择速度，确认后完成转速的设置。

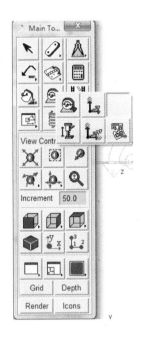 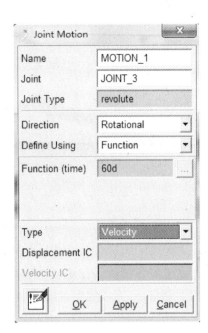

图 3 - 3 - 20

进行仿真计算。按要求计算可知,曲柄旋转一周完成一个周期的工作需要 6 秒时间,计算时间跨度至少持续 6 秒,如需观察机构运动的重复性,则可按此输入计算时间。此处计算 1 个周期的运动,输入计算结束时间 6,计算时间分为 200 份,如图 3 - 3 - 21 所示。

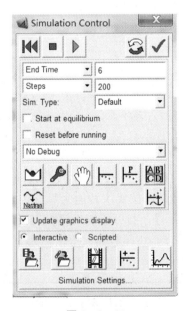

图 3 - 3 - 21

3. 后处理

这里摇杆为输出构件,输出摇杆的摆动角度变化情况。由结果可知,摇杆摆动幅度为 49°。默认顺时针方向为负。由于机构为平面机构,Z 轴方向无数据分量,如图 3 - 3 - 22 所示。

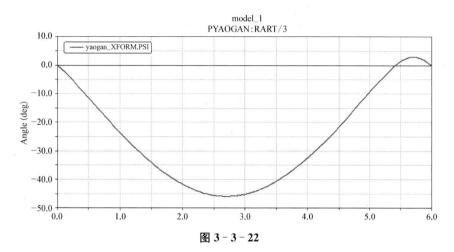

图 3 - 3 - 22

摇杆沿 X 和 Y 轴方向的位移如图 3 - 3 - 23 所示。

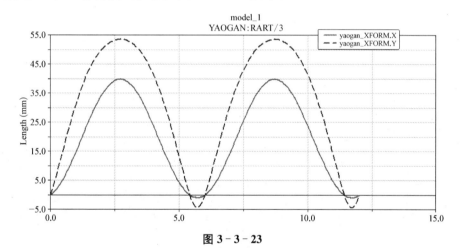

图 3 - 3 - 23

摇杆沿 X 和 Y 轴方向的运动速度如图 3 - 3 - 24 所示。

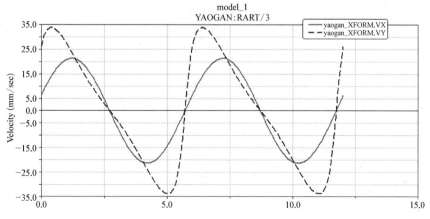

图 3 - 3 - 24

连杆沿 X 和 Y 轴方向的位移如图 3 - 3 - 25 所示。

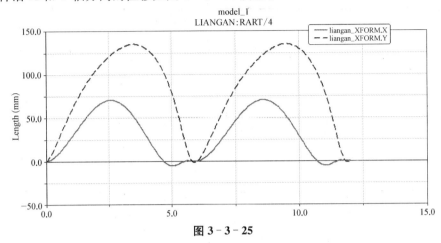

图 3 - 3 - 25

连杆沿 X 和 Y 轴方向的速度如图 3 - 3 - 26 所示。

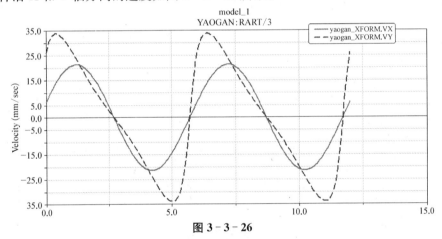

图 3 - 3 - 26

ADAMS 除了可输出位移、速度、加速度数值外,还可输出力和力矩数值,但由于求解方法问题,力和力矩等数据的求解精度不够高。如需求高精度解,可采用第 4 章的方法。

曲柄所受 Y 方向的力和力矩如图 3 - 3 - 27 所示。

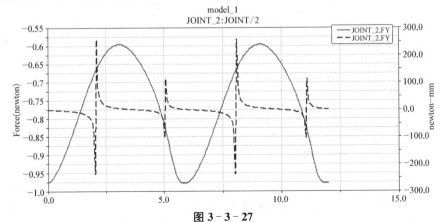

图 3 - 3 - 27

　　仿真计算得到的数据众多,需要操作者根据自己的需要,从考虑问题的角度出发,输出数据进行分析。在描述问题时,切忌罗列图表。

　　如需对结果数据进行处理和运算,还可将数据导出。在后处理状态下点击【File】—【Export】打开输出对话框,输出格式种类很多,一般常用的类型为数据格式【Numeric Data】,如图 3 - 3 - 28 所示。

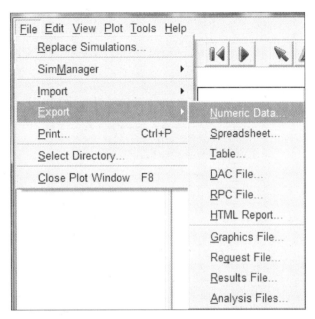

图 3 - 3 - 28

　　在文件名框中输入名称,建议加上后缀名。在结果数据中点击右键【Result Set Component】—【Browse】打开数据导航对话框,如图 3 - 3 - 29 所示。在打开的对话框中选择所需要的数据,长按【Ctrl】键可实现数据的多选,如图 3 - 3 - 30 所示。

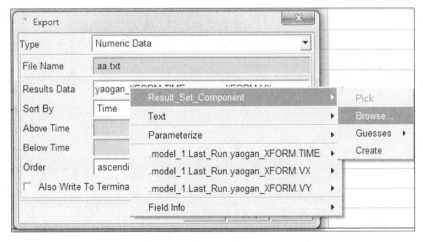

图 3 - 3 - 29

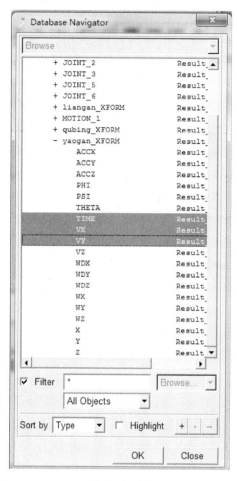

图 3 - 3 - 30

点击【Export】中【Result Data】的【Parameterize】—【Expression Builder】，如图 3 - 3 - 31 所示，打开【Function Builder】对话框，可对所选择的数据进行运算，如图 3 - 3 - 32 所示。

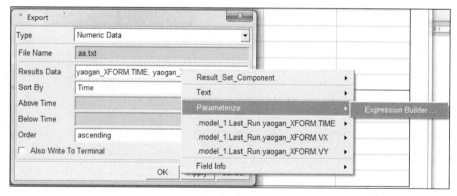

图 3 - 3 - 31

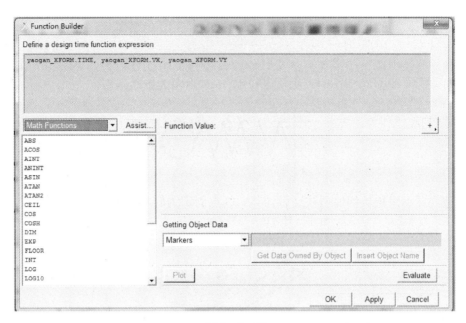

图 3 - 3 - 32

按设置要求保存数据后得到相应的文件,打开文件后看到如图 3 - 3 - 33 所示的数据。

A.　.model_1.Last_Run.yaogan_XFORM.TIME (sec)
B.　.model_1.Last_Run.yaogan_XFORM.VX (mm/sec)
C.　.model_1.Last_Run.yaogan_XFORM.VY (mm/sec)

A	B	C
0.000000E+000	6.358924E+000	2.612945E+001
6.000000E-002	7.621562E+000	2.880835E+001
1.200000E-001	8.857009E+000	3.076243E+001
1.800000E-001	1.005968E+001	3.213471E+001
2.400000E-001	1.122423E+001	3.304505E+001
3.000000E-001	1.234560E+001	3.358841E+001
3.600000E-001	1.341901E+001	3.383816E+001
4.200000E-001	1.443995E+001	3.385054E+001
4.800000E-001	1.540419E+001	3.366878E+001
5.400000E-001	1.630777E+001	3.332647E+001
6.000000E-001	1.714700E+001	3.285004E+001
6.600000E-001	1.791848E+001	3.226067E+001
7.200000E-001	1.861910E+001	3.157567E+001
7.800000E-001	1.924602E+001	3.080942E+001

图 3 - 3 - 33

习　题

1. 建立线性弹簧振子模型并进行计算。设置弹簧刚度分别为：5 N/mm，10 N/mm，15 N/mm，20 N/mm，25 N/mm。振子直径 10 mm，材料为普通碳钢。

2. 建立曲柄滑块机构模型并进行计算。O 点固定为转动中心，曲柄为主动件，转动速度分别为：1 rpm，5 rpm，10 rpm，15 rpm，20 rpm。

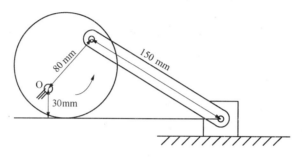

第 4 章　ABAQUS 建模与实例

CAE(Computer Aided Engineering)技术在现代工业技术改造和高新技术发展中具有重要的地位和作用。CAE 的任务,就是将力学和计算数学的研究的最新成果与计算机相结合,在研究先进算法的同时发展计算力学软件,以解答过去难以处理的或者根本无法处理的问题。计算力学中的有限元软件和有限元方法同时诞生,并且随着有限元方法和计算技术的发展而得到不断的发展。从 20 世纪 70 年代开始,国内外 CAE 软件迅速发展,有限元分析技术在众多的工程领域中得到成功应用。CAE 软件已成为当今几乎所有工业部门(如机械、土木、航空、航天等)工程结构设计中必不可少的计算工具。

ABAQUS 是一套功能强大的工程模拟的有限元软件,其解决问题的范围从相对简单的线性分析到具有较高难度的非线性问题。ABAQUS 包括一个丰富的、可模拟任意几何形状的单元库,并拥有各种类型的材料模型库,可以模拟典型工程材料的性能,其中包括金属、橡胶、高分子材料、复合材料、钢筋混凝土、可压缩超弹性泡沫材料以及土壤和岩石等地质材料,作为通用的模拟工具,ABAQUS 除了能解决大量结构(应力 / 位移)问题,还可以模拟其他工程领域的许多问题,例如热传导、质量扩散、热电耦合分析、声学分析、岩土力学分析(流体渗透 / 应力耦合分析)及压电介质分析。

ABAQUS 产品为复杂的工程问题提供强大而完整的解决方案,涵盖广泛的工业应用。它使用通用模型数据结构和集成求解器技术,可解决动态振动、多体系统、冲击/碰撞、非线性静态、热耦合和声学—结构耦合等问题。

4.1　ABAQUS 概述

ABAQUS 是一个完整的进行建模、管理、监控、分析,同时可以对分析结果进行可视化后处理的环境。

➢ 提供完善的建模和分析解决方案。ABAQUS 将建模、分析、任务管理、结果后处理等无缝集成。这些功能分别在不同的模块中实现,每个模块包含逻辑子集,从而实现全部功能。系统的每个模块用户交互界面保持相同的风格,新用户很容易上手。ABAQUS 使用类似组合的概念,例如,分析步、接触、截面、集合、材料等,构成直观的图形用户交互界面。

➢ 完整全面的 CAD 系统以及其他建模工具。ABAQUS 建模基于零件和装配概念,与流行的 CAD 软件一致。零件可以在 ABAQUS 中创建,或从 CAD 软件中导入几何模型,而后在 CAE 中划分网格进行计算。

　➤ 高效率处理大模型。ABAQUS 的设计越来越多地考虑到应用大模型。

　➤ 包含交互环境。可以用于用户自主开发应用。提高生成率的关键是提供特殊用途的 ABAQUS 用户接口。ABAQUS 中嵌入 Python 程序语言，在 ABAQUS 中作为用户图形交互界面的扩展工具。

4.1.1　ABAQUS 基础

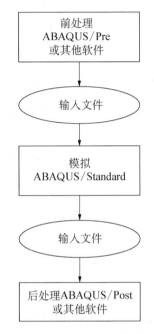

图 4 - 1 - 1　ABAQUS 分析过程

　　有限元基本思想：将连续的结构离散成有限个单元，并在每一个单元中设定有限个节点，将连续体看作是只在节点处相连的一组单元的集合体；同时选定场函数的节点值作为基本未知量，并在每一单元中假设一近似插值函数，以表示单元中场函数的分布规律；进而利用力学中的某些变分原理去建立用以求解未知量的有限元方程组，从而将一个连续域中的无限自由度问题转化为离散域中的有限自由度问题。ABAQUS 软件建立在有限元思想之上，按分析方法，可分为静力分析、疲劳分析、模态分析、频率响应分析、瞬态动力学分析、屈曲分析、多刚体动力学分析、热分析、塑性成型、流体计算等。

　　一个完整的 ABAQUS 分析过程，通常由三个明确的步骤组成：前处理、模拟计算和后处理。这三个步骤的联系及生成的相关文件如图 4 - 1 - 1 所示。

　　1. 前处理

　　在前处理阶段需定义物理问题的模型并生成一个 ABAQUS 输入文件。通常的做法是使用 ABAQUS 前处理模块在图形环境下生成模型，或使用其他软件生成模型后导入 ABAQUS 中。

　　2. 模拟计算

　　用 ABAQUS 的 Standard 求解模型定义的数值问题。应力分析算例的输出包括位移和应力，它们存储在二进制文件中以便进行后处理。完成一个求解过程所需的时间可以从几秒钟到几天不等，这取决于所分析问题的复杂程度和计算机的运算能力。

　　3. 后处理

　　完成模拟计算后得到位移、应力或其他基本变量，就可对计算结果进行分析评估，即后处理。通常，后处理是使用前处理或其他后处理软件中的可视化模块在图形环境下交互式地进行，读入核心二进制输出数据库文件后，可视化模块有多种方法显示结果，包括彩色等值线图、变形形状图和平面曲线图等。

4.1.2　ABAQUS 模块

ABAQUS 模型一般由若干构件组成,描述物理问题和所得到的结果。一个分析模型至少要包括:几何形状、单元特性、材料数据、荷载和边界条件、分析类型和输出要求等信息。

1. 几何形状

有限单元和节点定义了 ABAQUS 要模拟的物理结构的基本几何形状。每一个单元都代表了结构的离散部分,许多单元依次相连就组成了结构,单元之间通过公共节点彼此相互联结,模型的几何形状由节点坐标和节点所属单元的联结所确定。模型中所有的单元和节点的集成称为网格。通常,网格只是实际结构几何形状的近似表达。

网格中单元类型、形状、位置和单元的数量都会影响模拟计算的结果。网格的密度越高(在网格中单元数量越大),计算结果就越精确。随着网格密度增加,分析结果会收敛到唯一解,但用于分析计算所需的时间也会增加。通常,数值解是所模拟的物理问题的近似解答,近似的程度取决于模型的几何形状、材料特性、边界条件和载荷对物理问题的仿真程度。

2. 单元特性

ABAQUS 拥有广泛的单元选择范围,其中许多单元的几何形状不能完全由它们的节点坐标来定义。例如,复合材料壳的叠层或工字型截面梁的尺度划分就不能通过单元节点来定义。这些附加的几何数据由单元的物理特性定义,且对于定义模型整体的几何形状是非常必要的。

3. 材料数据

对于所有单元必须确定其材料特性,然而高质量的材料数据是很难得到的,尤其是对于一些复杂的材料模型。ABAQUS 计算结果的有效性受材料数据的准确程度和范围的限制。

4. 加载和边界条件

加载使结构变形和产生应力。大部分加载的形式包括:① 点载荷;② 表面载荷;③ 体力,如重力;④ 热载荷。

边界条件是约束模型的某一部分保持固定不变(零位移)或移动规定量的位移(非零位移)。在静态分析中需要足够的边界条件以防止模型在任意方向上的刚体移动;否则,在计算过程中求解器将会发生问题而使模拟过程过早结束。

在计算过程中一旦查出求解器发生了问题,ABAQUS 将发出错误信息,非常重要的一件事情是用户要知道如何解释这些 ABAQUS 发出的错误信息。如果在静态应力分析时看见警告信息"numerical singularity"(数值奇异)或 "zero pivot"(主元素为零),必须检查模型是否全部或部分地缺少限制刚体平动或转动的约束。在动态分析中,由于结构模型中的所有分离部分都具有一定的质量,其惯性力可防止模型产生无限制的瞬时运动,因此,在动力分析时,求解过程中的警告通常提示其他的问题,如过度塑性问题。

5. 分析类型

大多数模拟问题的类型是静态分析,即在外载作用下获得结构的长期响应。在有些情况下,可能令人感兴趣的是加载结构的动态响应。例如,在结构部件上突然加载的影响,像冲击载荷的发生或在地震时建筑物的响应。

ABAQUS 可以实现许多不同类型的模拟,但是这本指南只涵盖两种最一般的分析类型:静态和动态的应力分析。

ABAQUS 的模拟计算过程会产生大量的输出数据。为了避免占用大量的磁盘空间,用户可限制输出数据的数量,只要它能说明问题的结果即可。

通常用 ABAQUS/CAE 作为前处理工具来定义构成模型所必需的部件。

4.1.3　ABAQUS 界面

ABAQUS/CAE 是 ABAQUS 进行操作的完整环境,在这个环境中,可提供简明、一致的界面来生成计算模型,可交互式地提交和监控 ABAQUS 作业,并可评估计算结果。ABAQUS/CAE 分为若干个功能模块,每一个功能模块定义了建模过程中的一个逻辑方面,例如,定义几何形状、定义材料性质、生成网格等等。通过功能模块到功能模块之间的切换,同时也就完成了建模。一旦建模完成,ABAQUS/CAE 会生成一个输入文件,用户可把它提交给 ABAQUS/Standard 或 ABAQUS/Explicit 求解器。求解器读入输入文件进行分析计算,同时发送信息给 ABAQUS/CAE 以便对作业的进程进行监控,并产生输出数据。最后,用户可使用可视化模块阅读输出数据,观察分析结果。用户与 ABAQUS/CAE 交互时,会产生一个命令执行文件,它用命令方式记录了操作的全过程。

1. 启动

点击 ABAQUS CAE 图标,首先出现图 4-1-2。如软件环境等无误,则正常进入右图开始对话框。这里有三种物理场模型计算模式:静态/显式场模型、流体场模型和电磁场模型。静态/显式场模型一般用于固体结构运动计算,流体场模型用于流体模型的计算,电磁场模型用于电场、磁场或电磁耦合计算。不同的计算模式代表不同的计算方法,选择正确的计算模式建立模型。

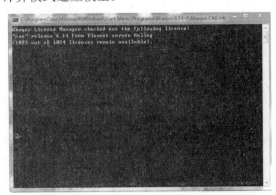 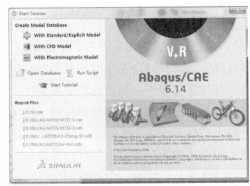

图 4-1-2

对话框中另有四个选择项：

➤ Create model Database，开始一个新的分析。

➤ Open Database，打开一个以前存贮过的模型或者输出数据库文件。

➤ Run Script，运行一个 ABAQUS/CAE 命令文件。

➤ Start Tutorial，从在线文件启动辅导教程。

这里以静态/显式场模型为例进行介绍。点击【With Standard/Explicit Model】，打开主界面，如图 4－1－3 所示。

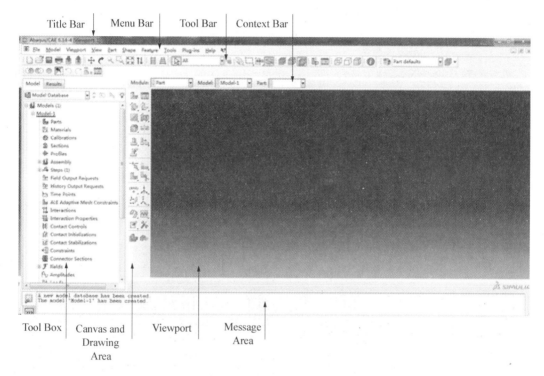

图 4－1－3

界面由以下各个部分组成：

➤ Title bar(标题条)

Title bar 给出了正在运行的 ABAQUS/CAE 版本和当前的模型数据库的名字。

➤ Menu bar(菜单条)

Menu bar 中包含了所有的菜单，通过对菜单的操作可调用 ABAQUS/CAE 的全部功能。当用户在 Context bar 中选择不同的模块时，就会在 Menu bar 得到不同的菜单系统。

➤ Tool bar(工具条)

Tool bar 提供了一种快速操作途径来调用菜单中的常用命令。

➤ Context bar(过渡条)

ABAQUS/CAE 是分为一系列功能模块的，其中每一个模块只针对模型的某一方面。用户可以在 Context bar 的 Module 表中进行各模块之间的切换。Context bar 里的其他项则是当前模块的功能，例如，Context bar 允许用户在构造模型的几何形状时退出已存在的部件。

> Toolbox area(工具区)

一旦进入某一功能模块，Toolbox 区中就会出现该功能模块对应的工具。Toolbox 使用户可快速调用许多模块功能，这些功能在 Menu bar 中也是有效的。

> Canvas and drawing area(拆分条区)

可把 Canvas 设想为一个无限大的屏幕或布告板，用户可在其中安置诸如图形窗口、文本和箭标等内容。Drawing 区是 Canvas 的可见部分。

> Viewport(图形窗口)

Viewport 是 ABAQUS/CAE 显示模型的几何图形的窗口。

> Message area(信息区)

在信息区中会出现状态和警告信息，若要改变信息区的大小，可拖拉位于其右上方的小方块，若要阅读已滚出信息区的信息，可利用右边的滚动条。

2. Part(部件)

用户在 Part 模块里生成单个部件，可以直接在 ABAQUS/CAE 环境下用图形工具生成部件的几何形状，也可以从其他的图形软件输入部件。图中【Module】表示当前状态处于 Part 建模状态，如图 4-1-4 所示。

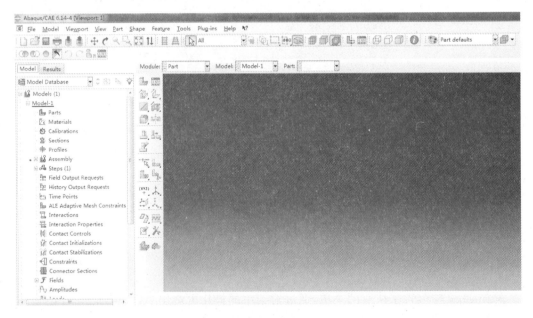

图 4-1-4

3. Property(特性)

截面(Section)的定义包括了部件特性或部件区域类信息，如区域的相关材料定义和横截面形状信息。在 Property 模块中，用户生成截面和材料定义，并把它们赋予(Assign)部件，如图 4-1-5 所示。

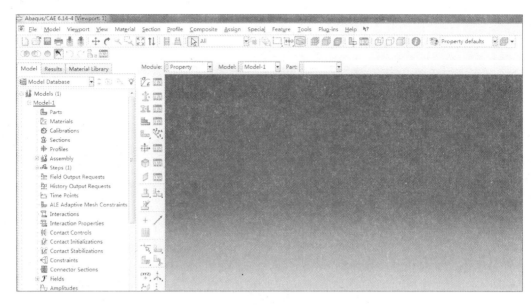

图 4 - 1 - 5

4. Assembly(装配件)

所生成的部件存在于自己的坐标系里,独立于模型中的其他部件。用户可使用 Assembly 模块生成部件的副本(instance),并且在整体坐标里把各部件的副本相互定位,从而生成一个装配件,如图 4 - 1 - 6 所示。一个 ABAQUS 模型只包含一个装配件。

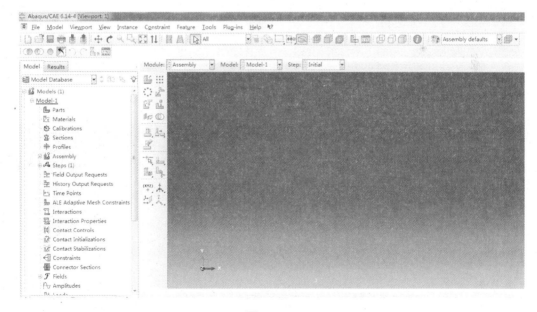

图 4 - 1 - 6

5. Step(分析步骤)

用户用 Step 模块生成和配置分析步骤与相应的输出需求。分析步骤的序列提供了方便的途径来体现模型中的变化(如载荷和边界条件的变化),如图 4-1-7 所示。在各个步骤之间,输出需求可以改变。

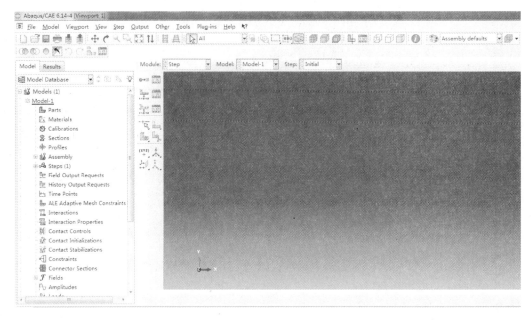

图 4-1-7

6. Interaction(相互作用)

在 Interaction 模块里,用户可规定模型的各区域之间或模型的一个区域与环境之间的力学和热学的相互作用,如两个表面之间的接触关系,如图 4-1-8 所示。其他的相互作用

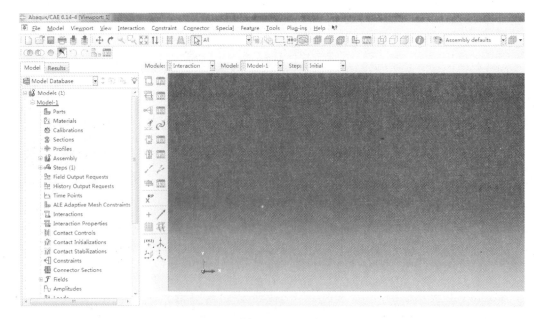

图 4-1-8

包括诸如绑定约束、方程约束和刚体约束等约束。若不在 Interaction 模块里规定接触关系,ABAQUS/CAE 不会自动识别部件副本之间或一个装配件的各区域之间的力学接触关系。只规定两个表面之间相互作用的类型,对于描述装配件中两个表面的边界物理接近度是不够的。相互作用还与分析步相关联,这意味着用户必须规定相互作用所在的分析步。

7. Load(载荷)

在 Load 模块里指定载荷、边界条件和场,如图 4 - 1 - 9 所示,载荷与边界条件跟分析步相关,这意味着用户必须指定载荷和边界条件所在的分析步。有些场变量与分析步相关,而其他场变量仅仅作用于分析的开始。

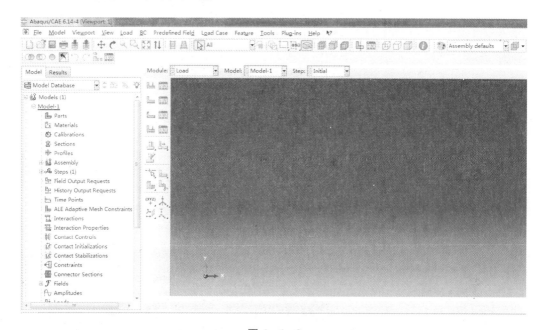

图 4 - 1 - 9

8. Mesh(网格)

Mesh 模块包含了有限元网格的各种层次的自动生成和控制工具,如图 4 - 1 - 10 所示,从而用户可生成符合分析需要的网格。

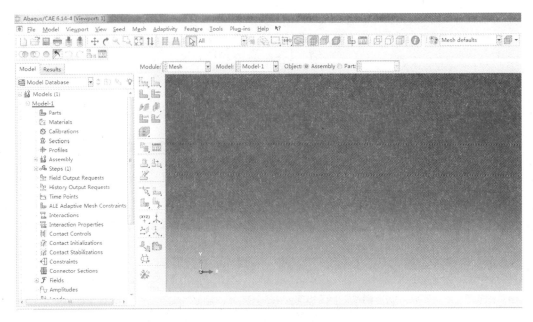

图 4－1－10

9. Job(作业)

一旦完成了模型生成任务,用户便可用 Job 模块来实现分析计算,如图 4－1－11 所示,用户可用 Job 模块交互式地提交作业、进行分析并监控其分析过程,可同时提交多个模型进行分析并进行监控。

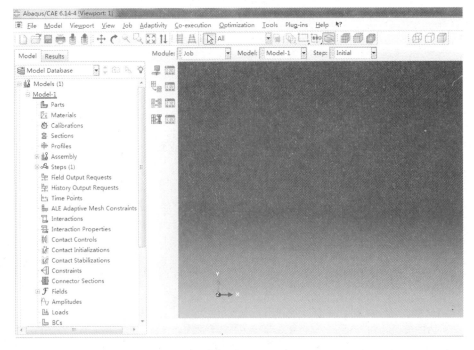

图 4－1－11

10. Optimization(优化)

提供 ABAQUS 界面下的优化分析,如图 4－1－12 所示,提供两种基于不同优化方法的用于自动修改模型的优化程序:拓扑优化和形状优化。两种方法均遵从优化目标和约束。

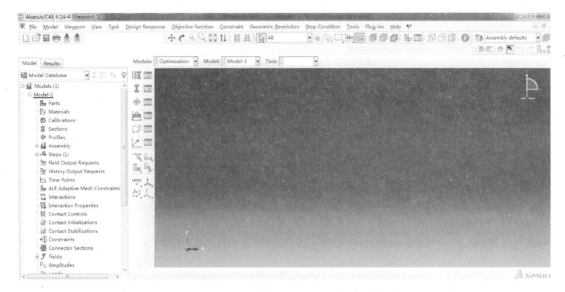

图 4－1－12

11. Visualization(可视化)

可视化模块提供了有限元模型的图形和分析结果的图形,如图 4－1－13 所示。它从输出数据中获得模型和结果信息,用户可通过 Step 模块修改输出需求,从而控制输出文件的存贮信息。

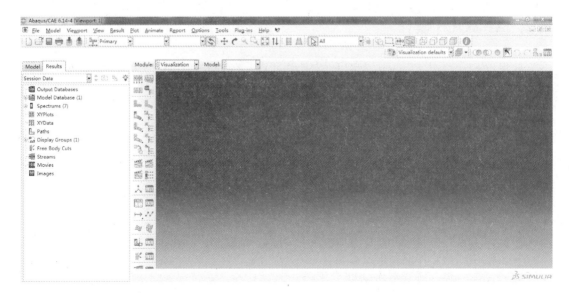

图 4－1－13

12. Sketch(绘图)

在 ABAQUS/CAE 中,先绘出二维的轮廓线有助于生成部件的形状,如图 4-1-14 所示,用 Sketch 模块可直接生成平面部件,生成梁或一个子区域,也可以先生成二维轮廓线,然后用拉伸、扫掠、旋转的方式生成三维部件。

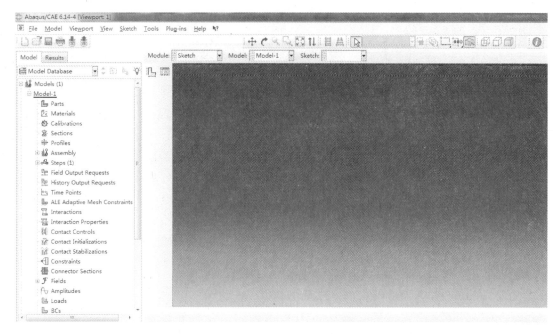

图 4-1-14

在功能模块之间切换时,主菜单中内容会自动更换,各辅助菜单也随之改变。

4.2 ABAQUS 操作

这里以 Standard/Explicit 为例介绍操作过程。一般按次序进入以下功能模块进行操作:

➢ Part 绘制二维几何形状,并生成框架部件。

➢ Property 定义材料参数和框架的截面性质。

➢ Assembly 组装模型,生成装配件。

➢ Step 安排分析次序,提出输出要求。

➢ Interaction 设置部件间的相互作用。

➢ Load 施加载荷和边界条件。

➢ Mesh 对框架进行有限元网格剖分。

➢ Job 生成一个作业并提交分析。

➢ Visualization 观察分析结果。

ABAQUS 设置操作按【Module】给出的顺序进行即可,界面友好、便于掌握。

在建立模型前,必须确定量纲系统。ABAQUS 没有固定的量纲系统,但有一个问题,所有的输入数据只能用同一个量纲系统。

4.2.1　生成部件

在 Part 模块中生成部件。部件是模型中每一部分的几何形体,是 ABAQUS/CAE 模型的基本组成部分,可以在 ABAQUS/CAE 环境中直接生成部件,也可以由其他软件生成几何体或有限元网格,再导入到 ABAQUS/CAE 中来作为部件。

在 Module 表中点击 Part 进入 Part 模块的环境,在主窗口的左方弹出 Part 模块工具框,工具框中包含了一组工具图标。用户可直接使用这些图标工具,也可以使用主菜单条中的菜单项,视用户熟悉情况而定。由于每个模块都会在其工具框中给出一组工具,所以当用户从主菜单条中选择某一项时,模块工具框中相应的工具图标就会出现高亮度,用户也可借此熟悉其所在位置。在生成部件时ABAQUS/CAE 会自动进入绘图(Sketcher)环境。此时,在提示区会出现信息告诉用户下一步的操作。

这里需要特别注意的是,ABAQUS 中没有单位,所有物理量均没有单位。需要操作者自己定义单位,在物理量的输入过程中必须严格统一物理量的单位。本书推荐使用 mm,ton,s,则相应的复合单位可得到 N、MPa。

从主菜单条中选择 Part→Create 命令路径来生成新的部件时,会弹出 Create Part 对话框,同时在提示区会出现提示性文字,如图 4-2-1 所示。需在 Create Part 对话框中对部件命名,选定其模型空间的维数类型和基本特征,并要设置部件的大致尺寸(approximate size)。一旦设定,在以后的操作中可编辑和重命名,但不可改变其模型空间维数、类型和特征。需要注意的是,在 ABAQUS/

图 4-2-1

CAE 中必须对整个模型采用同一量纲系统,任一局部不可有其特殊量纲。

点击 Continue 退出 Create Part 对话框。ABAQUS/CAE 会自动进入绘图(Sketcher)环境,Sketcher 工具框位于主窗口的左边,这时在图形窗口中会出现绘图栅格,Sketcher 包含一组用来绘制部件二维轮廓线的基本工具,一旦处于生成或编辑部件的状态,就会自动进入 Sketcher 环境,如图 4-2-2 所示。在光标位于图形窗口中时点击鼠标的中间键,或在选择一个新的工具项时,就会退出 Sketcher 环境。

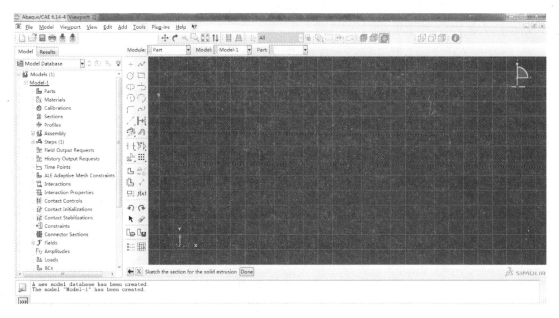

图 4-2-2

<table>
<tr><td>注
意</td><td>　　如同 ABAQUS/CAE 中所有的工具一样,若让光标在 Sketcher 工具框中的某一
工具项上停留一会儿,就会出现一个小窗口,对该工具项做出简短的说明。在选定一
个工具项时,该项图标就会变亮。</td></tr>
</table>

下列 Sketcher 的特点有助于绘制出所希望的几何形状:

➢ 绘图栅格帮助光标和物体定位。

➢ 虚线给出 x,y 坐标系和坐标原点。

➢ 图框左下角的小三轴标记给出了绘图平面和部件之间的方位关系。

➢ 绘图时,在左上角会显示光标的 x,y 坐标值。

点击提示区的【Done】,退出 Sketcher 环境,存贮当前模型。从主菜单条中选【File】—【Save】,给出新的模型名,ABAQUS/CAE 会自动加上. cae 后缀。 ABAQUS/CAE 不会自动进行存贮。

4.2.2　定义属性

Property 模块的主要功能是定义材料并将材料特性通过截面属性赋予部件,从而使部件具有材料属性。

材料定义步骤如下:

第一步　在【Module】表中切换到【Property】模块。

第二步　在主菜单条中选【Material Create】,【Edit Material】对话框弹出,如图 4-2-3所示。

第三步　选取材料名,可在【Description】对材料的特性用英文字符进行描述。

　　第四步　根据材料特性不同,给出了 5 个部分内容对材料进行定义。【General】中主要定义材料的密度、德瓦尔状态变量等基本参数,也可以根据需求用户进行自定义。不论最终选择何种材料,密度作为基本参数必须输入,如图 4-2-4 所示。【Mechanical】中包括主要的材料类型,如弹性、塑性、损伤型等。这里要求操作者掌握材料本构理论基础,对材料特性具有灵活的应用能力。这里主要涉及弹性材料。【Thermal】定义与材料热学性能有关的参数。【Electrical/Magnetic】定义与材料电磁性能有关的参数。【Other】定义与流体性能相关的一些参数,如图 4-2-5 所示。

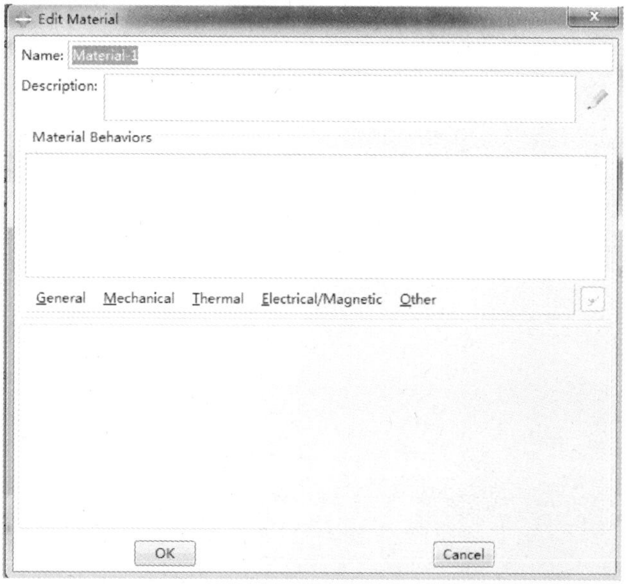

图 4-2-3

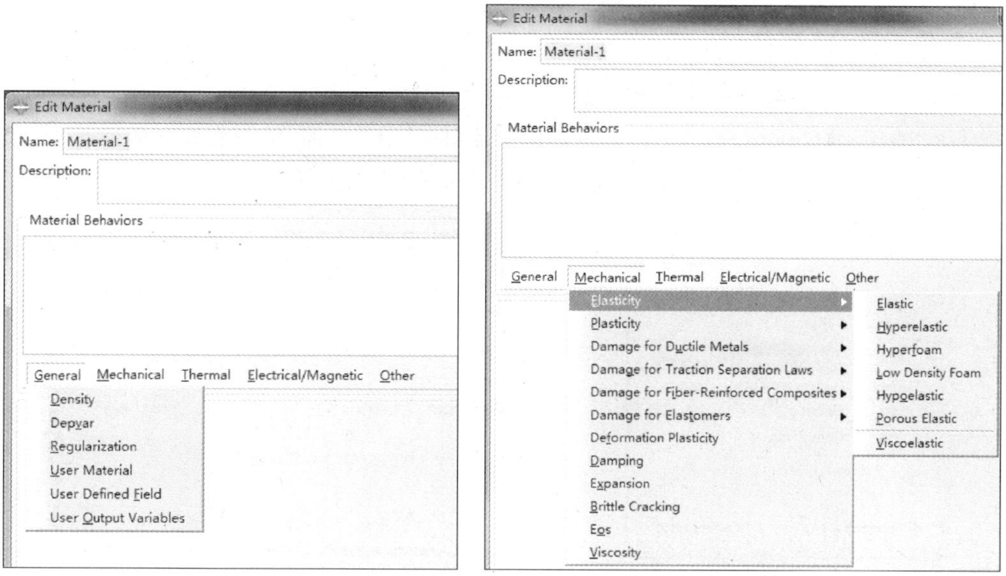

图 4-2-4

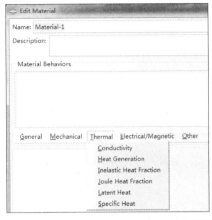
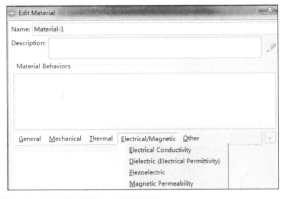
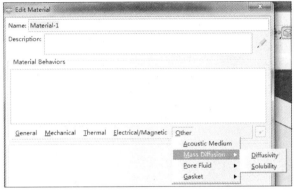

图 4-2-5

第五步　从材料编辑菜单条中选择密度进行输入,选择相应的材料本构类型并输入相关参数。

第六步　点击 OK,完成材料编辑。

在 Property 模块里还需要定义截面(Section)特性,材料只能赋予截面,截面可以赋予部件。通过截面将材料与部件联系起来,定义的过程如下:

① 创建截面【Create Section】,选项中的有实体、壳体、梁等,类型有各向同性等形式,如图 4-2-6 所示。对一般实体我们选择各向同性实体,点击继续。

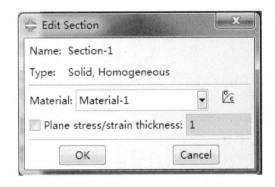

图 4-2-6

② 出现截面编辑【Edit Section】对话框，在这里选择已定义完成的材料，将材料与截面特性联系起来。

③ 将截面特性分配给部件。直接选择部件所在的区域，然后对该区域赋予截面特性。在【Edit Section Assignment】中可选择定义过的不同截面特性，不同的截面特性实际上代表不同的材料特性，如图 4 - 2 - 7 所示。

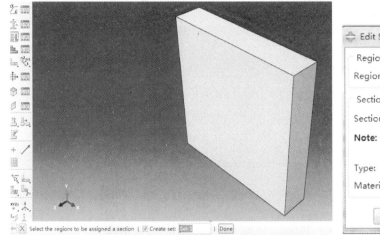

图 4 - 2 - 7

④ 完成截面特性分配的部件颜色会变成绿色。可通过这个特点检查部件是否分配截面特性，未分配截面特性的部件显示灰色，如图 4 - 2 - 8 所示，无法进行仿真计算。

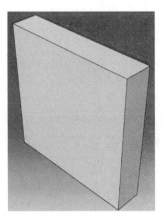

图 4 - 2 - 8

4.2.3 定义装配体

每一个部件都有自己的坐标系，是互相独立的。用户需要在 Assembly 模块中定义整个装配件中各部件间的相对位置。其方式是先生成部件的副本（instance），然后在整体坐标系里对副本相互定位。这样的操作不会改变部件原来的坐标，仅在装配体中定义各部件的相对位置。一个模型可能有许多部件，但装配件只有一个。

定义装配件步骤如下：

第一步　点击 Module 表中的 Assembly，进入 Assembly 模块。

第二步　从主菜单条中选 Instance→Create，Create Instance 对话框弹出，如图 4-2-9 所示。

第三步　在该对话框中选择相应的部件，然后点击 OK，生成副本。

如有多个部件，可在此对话框中进行多次选择。装配体中允许重复使用同一个部件。

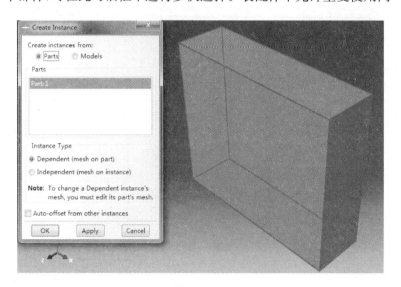

图 4-2-9

放入装配体中的部件按其原来的坐标位置出现在装配体中，需要运用装配功能重新定义部件的相对位置。ABAQUS 装配模块提供线性列阵、周向列阵、移动、按目标位置移动、约束关系、布尔几何运算等功能。可综合运用这些功能键定义部件在装配体中的相对位置。由于 ABAQUS 的装配功能没有专业几何建模软件的装配功能强大，也可以先在几何建模软件中创建装配体，完成各部件相对位置的定义。而后将各部件逐个导入 ABAQUS 的模型中，作为部件。这样操作保留了各部件在装配体中的相对位置关系，在 ABAQUS 中建立装配体时，直接插入部件即可完成装配体，无需再进行装配。

4.2.4　分析步配置

生成装配组件后，在模块选择中继续向下切换到 Step 模块配置分析步进程。按问题的要求，可设置 1 个或多个分析步进行计算，如图 4-2-10 所示。

分析步中至少需要两个步骤，第 1 个分析步为初始步，后面可有 1 个或多个分析步。

➢ 初始步，定义各部件的自由度、初始状态及相互关系。

➢ 分析步，定义各部件承受的载荷等相应条件。

ABAQUS 自动产生初始步，但用户必须用 Step 模块来生成分析步，如图 4-2-11 所示。ABAQUS 提供多种分析步，不同的分析步类型意味着不同的计算方法，不同类型的问题需要采用不同的分析步类型进行计算。

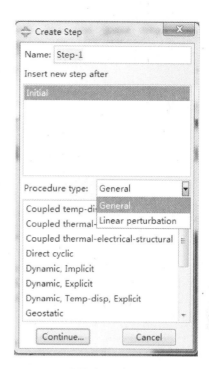

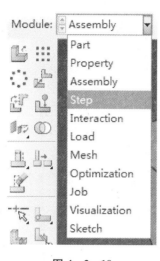

图 4 - 2 - 10　　　　　　　　　　图 4 - 2 - 11

有限元分析会输出大量数据,ABAQUS 允许用户控制和管理输出数据,从而只输出理解计算结果所必需的数据,共有四种输出类型:

➢ 二进制输出文件,它用于 ABAQUS/CAE 的后处理,这种文件称为 ABAQUS 输出数据库文件,文件后缀为. odb。

➢ 列表形式,输出为 ABAQUS 数据文件(. dat)。

➢ 用于后续分析的数据形式,输出为 ABAQUS 重启动文件(. res)。

➢ 输出为 ABAQUS 结果文件(. fil),是用于第三方软件后处理的二进制文件。

每生成一个分析步,ABAQUS/CAE 就会产生一个缺省的输出要求。缺省情况为输出. odb 文件。ABAQUS/Standard 用户手册中给出了预选变量表作为输出数据库的缺省变量。用户可以不做任何修改和编辑,接受这些缺省选择即可。用户在使用 Field output Requests Manager 来请求变量输出时,这些变量是对整个模型或模型的很大的一部分起作用的,它们以相对较低的频率写入输出数据库。而用户在使用 History Output Requests Manager 来请求变量输出时,这些变量是针对模型的很少的局部如某个节点的位移的,它们以很高的频率写入输出数据库。

计算结果也可以用 ABAQUS 数据文件(. dat)的列表形式给出。

检查. odb 文件的输出请求。从主菜单条中选 Output→Field Output Requests→Manager,Field Output Requests Manager 窗口弹出,如图 4 - 2 - 12 所示。沿着窗口的左边,按字母排列着输出请求。窗口顶部是按执行次序排列的所有分析步名字,利用这个对话框,可做以下事情:

➢ 选择将写入输出数据库的变量。

> ➤ 选择产生输出数据的截面点。
> ➤ 选择产生输出数据的区域。
> ➤ 改变写入数据库的数据的次数。

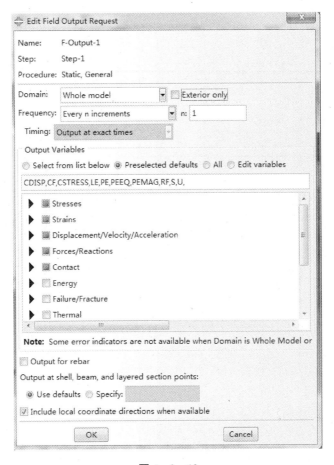

图 4 - 2 - 12

4.2.5 交互作用配置

实际工程问题中常常存在部件间的相互接触、相互约束等相互作用关系,这类交互作用可以在交互作用模块中进行设置,在 Module 中选择 Interaction 进行设置。

图 4 - 2 - 13

交互模块提供多种交互作用方式,打开【Create Interaction Property】,根据问题需要选择交互类型,选择后完成相应数据设置后退出,如图 4 - 2 - 13 所示。

打开【Interaction Manager】,创建 1 个交互关系。首先可以根据需要进行交互关系名称定义,在 Step 下拉单中选择对应分析步的名称,如图 4 - 2 - 14 所示。下方的类型中有 5 种形式,面对面、自接触等,可根据问题需要进行选择。选定类型后根据选择情况进行目标区域的选择，在而后弹出的对话框中设置相应的选项。在【Contact Interaction Property】中选择前面建立交互作用属性的名称，配置不同的交互作用方式，如图 4 - 2 - 15 所示。

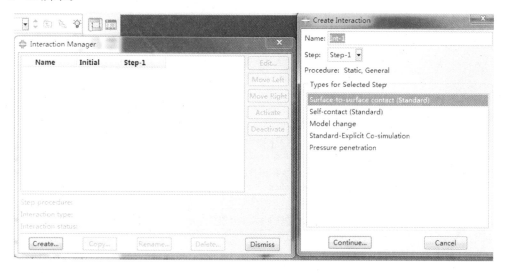

图 4 - 2 - 14

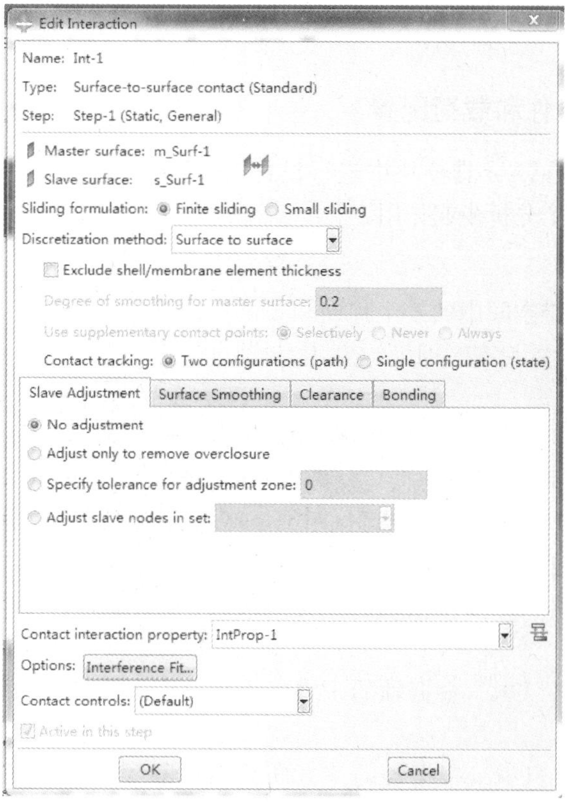

图 4 - 2 - 15

在交互作用模块下还可以进行约束设置。点击【Create Constraint】,选择相应的约束类型进行部件间的配置,如图 4-2-16 所示。

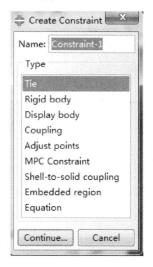

图 4-2-16

交互作用模块还提供转动约束副定义功能。点击【Connector Builder】打开对话框进行设置,如图 4-2-17所示。

4.2.6　边界条件和载荷配置

边界条件和载荷在【Load】模块中进行设置,设置时需要指明该条件对哪个分析步起作用。

1. 施加边界条件

边界条件包括三维空间中的 3 个移动和 3 个转动自由度,将位移或转动设置为零时即为约束,限制该自由度运动。

ABAQUS 中平移和转动自由度的规定如下:

➤ X 方向 1 的平移:U1,正方向可从图中坐标看到。

➤ Y 方向 2 的平移:U2,正方向可从图中坐标看到。

➤ Z 方向 3 的平移:U3,正方向可从图中坐标看到。

➤ 绕 X 轴的旋转:UR1,根据轴的正方向采用右手定则确定。

➤ 绕 Y 轴的旋转:UR2,根据轴的正方向采用右手定则确定。

➤ 绕 Z 轴的旋转:UR3,根据轴的正方向采用右手定则确定。

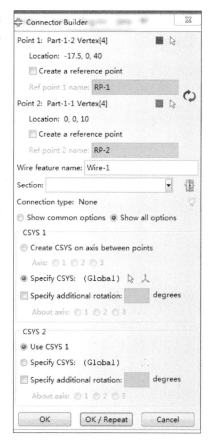

图 4-2-17

施加边界条件的步骤：

第一步　在 Module 表中点击 Load，进入 Load 模块。

第二步　从主菜单条中选 BC→Create，弹出 Create Boundary Condition 对话框，如图 4-2-18 所示。

第三步　在对话框中选择类型进行设置。

第四步　选择部件相应区域进行边界条件定义。

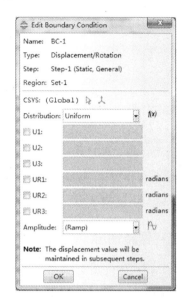

图 4-2-18

2. 施加载荷

打开【Create Load】，ABAQUS 提供多种载荷类型供用户使用，如：

➢ 集中力，作用于点。

➢ 压力，作用于面。

从主菜单条中选 Load→Manager，Create Load 对话框弹出，如图 4-2-19 所示。可修改载荷的名称，确定适用的分析步，选择相应的载荷类型。直接用鼠标选择载荷作用位置后，在弹出的【Edit Load】对话框中选择载荷作用方向，1、2、3 分别对应 X、Y、Z 轴。正方向数值填正数，负方向数值填负数，如图 4-2-20 所示，完成设置后，在图中相应位置可观察到载荷的图标。

对于有初始条件的问题，可在【Predefined Field】中进行定义。打开【Create Predefined Field】，分析步设为【Initial】，如图 4-2-21 所示，根据需求

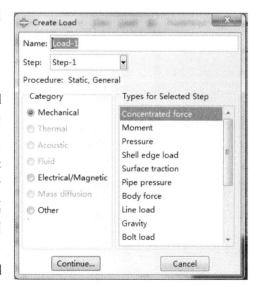

图 4-2-19

选择初始条件类型,选择作用位置完成设置。

图 4-2-20　　　　　　　　　　图 4-2-21

4.2.7　网格剖分

在 Mesh 模块中完成有限元网格的剖分,定义单元的类型等。

单元配置定义在网格剖分前后均可。在 Module 表中选择 Mesh 模块,在主菜单条中选 Mesh→Element Type。在图形区选择部件整体,Element Type 对话框弹出,如图 4-2-22 所示,选择相应的单元类型进行设置。

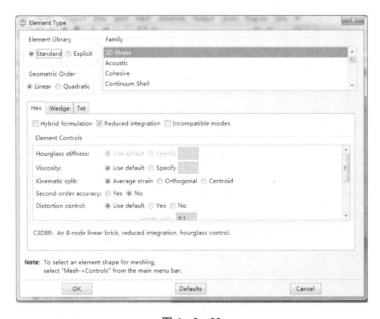

图 4-2-22

生成网格。先指定部件副本的边的剖分数，然后剖分网格。选择 Seed→Instance 用户可对每一条边分别指定剖分数，如图 4-2-23 所示。从提示区可见到默认的单元大小信息，ABAQUS 用它来剖分副本。在提示区里设置单元尺寸大小，然后回车或按鼠标中间键。

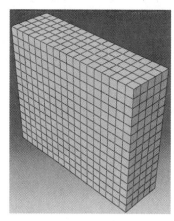

图 4-2-23

用户可通过主菜单条的 View→Assembly Display Options 操作看到节点与单元数，轮换 Mesh 标题卡上的 Show node labels 与 Show element label 即可。

4.2.8 任务提交

在 Job 模块中生成计算任务，并提交计算，在 Module 中点击进入 Job 模块。选 Job→Manager，弹出 Job manager 窗口，显示作业表、每个作业所对应的模型、分析类型和作业状态等信息。点击窗内的 Create，弹出 Create Job 对话框，对话框中列有模型数据库中全部模型名。点击 Continue，弹出 Edit Job 对话框。点击【Data Check】进行数据检查，检查模型有无基本错误。点击【Submit】，提交计算任务，开始计算，如图 4-2-24 所示。

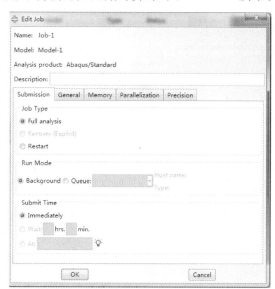

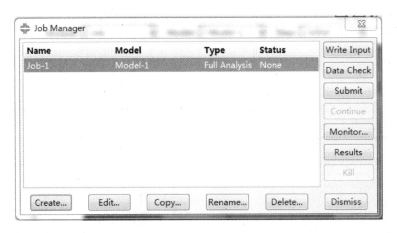

图 4 - 2 - 24

在提交作业后,Status 列上的信息变为作业状态信息,会显示下列信息:

➤ 分析输入文件正在生成时,状态为 None。

➤ 正在提交作业时,显示状态为 Submitted。

➤ 正在分析模型时,显示状态为 Running。

➤ 分析完成并正在输出数据时,显示状态为 Completed。

➤ 若输入文件发生问题或分析中断时,显示状态为 Aborted,同时在信息区里会报告所发生的问题。

在分析过程中,ABAQUS/Standard 发送信息到 ABAQUS/CAE,用户可监控作业的过程。点击【Monitor】打开观察窗,观察计算进度。点击 Log 键可看到 Log 文件中记录的分析起始时刻和终止时刻。点击 Errors 和 Warnings 键可看到前十个出错信息和前十个警告信息,如图 4 - 2 - 25 所示。出错信息所给的错误被纠正前,不能再进行分析。点击 Output键显示每条输出数据的记录。

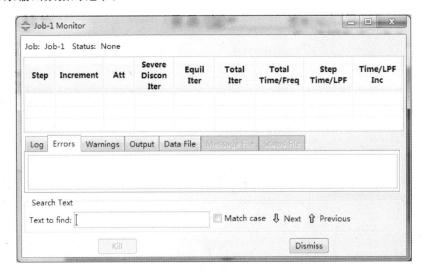

图 4 - 2 - 25

4.2.9　后处理

ABAQUS 的 Visualization 模块允许用户以各种不同方式对结果进行可视化图形观察，包括变形图、等值线图、矢量图、动画显示和 x-y 图形等。作业成功完成后，用户要观察分析结果。可在 Job Manager 窗口的右边点击 Results 直接进入后处理模块，打开作业生成的输出数据库，或是点击 Module 表上的 Visualization 模块，选择【File】—【Open】，然后在出现的数据库文件表中选择相应的. odb 文件。后处理方式多种多样，可根据问题需求进行输出。

可用 ABAQUS 形成完整的 ABAQUS 分析模型。求解器会读入 ABAQUS 产生的输入文件，进行分析计算，并发回信息给 ABAQUS 供用户监控作业进程，同时生成输出数据库。用户用 Visualization 模块读入输出数据库并观看分析结果。

➤ 模型生成后，用户可进行数据检查分析。所产生的出错与警告信息会输出到一个数据文件中。若数据检查成功通过，就会把进行模拟分析所需的计算机资源估计信息输出到数据文件。

➤ 在数据检查阶段，可以用 Visualization 模块，调用所生成的输出数据库文件，从图形上检验模型的几何形状和边界条件。

➤ 通常在数据文件(. dat)中最容易检查出材料参数有否错误。在图形后处理器中检查几何形状、载荷和边界条件是较方便的。

➤ 在分析中应该检查结果是否满足工程基本原理，如是否满足静力平衡等。

➤ 可以用多种方式从 ABAQUS 中的可视化环境中查看分析结果。

4.3　ABAQUS 实例

例 4-1　自由落体运动

模拟球体的自由落体运动。球体从 250 mm 高处落下与钢板发生接触。为减少计算时间，将题目化简为一个具有初速度的球体与钢板发生接触。通过计算初速度为 2 130 mm/s，球体与钢板的初始距离为 1 mm。球体的直径为 40 mm，钢板为 100 mm×100 mm，厚度为 10 mm，球体和钢板的材料为钢(题目与例 3-1 相同，对相同问题采用不同软件和方法计算，比较得到的数据结果)。

本题使用基本单位:mm,ton,s。输出单元:N,MPa。

1. 生成部件

打开 ABAQUS 进入开始窗口，点击【With Standard/Explicit Model】创建一个固体物理场计算新模型，如图 4-3-1 所示。

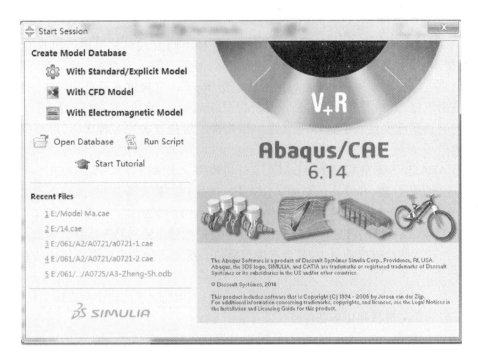

图 4 - 3 - 1

进入 Part 模块，建立几何模型，如图 4 - 3 - 2 所示。

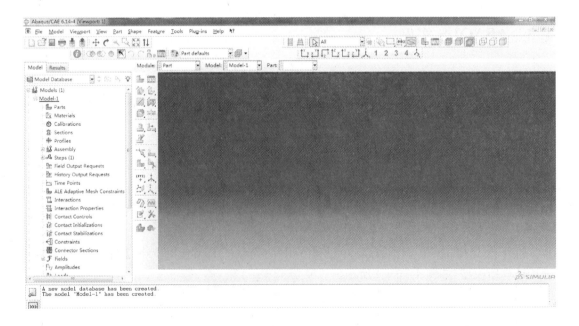

图 4 - 3 - 2

问题中有两个实体，球体和钢板。其中球体为中心对称图形，可由旋转方式生成。

钢板为长方体,可由拉伸方式生成。点击【Create Part】按键打开对话框,为部件命名为 Qiu。【Modeling Space】选择三维实体【3D】,类型【Type】选择为可变形体【Deformable】。因此,在基本特征【Base Feature】中将形状【Shape】选择为实体【Solid】,其中的类型【Type】选择旋转【Revolution】。下方的【Approximate Size】是指每个栅格边长,基本边长为0.02,此处输入的数字与基本边长相乘,得到建模状态下的栅格边长,如图 4-3-3 所示。根据球体的尺寸,设置为数据 250,即栅格边长 5。

用半圆形绕中心轴回转生成球体。用圆心和 2 个端点的方式创建圆弧【Create Arc:Center and 2 Endpoints】,选择圆心在原点。由于直径为 40 mm,选择(0,20)和(0,—20)两个点为端点,完成半圆的绘制,如图 4-3-4 所示。

图 4-3-3

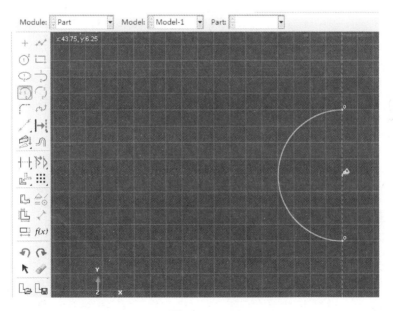

图 4-3-4

绘制中心轴。点击【Create Lines】,选取圆弧的两个端点为线的两端点,完成中心轴绘制。点击图形区域左下角的退出键 ⊠ ,完成基本草图绘制。在下方提示区得到图中提示,点击确定【Done】,如图 4-3-5 所示。在弹出对话框的旋转角度【Angle】中输入 360,得到球体,如图 4-3-6 所示。此时,在左侧工具栏内 Part 下方出现了一个被命名为 Qiu 的部件,如图 4-3-7 所示。

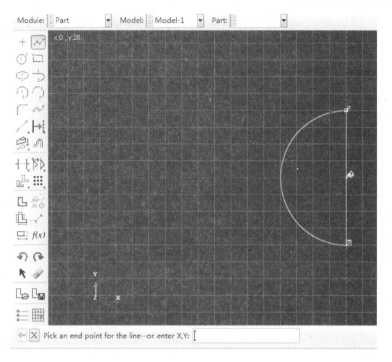

图 4-3-5

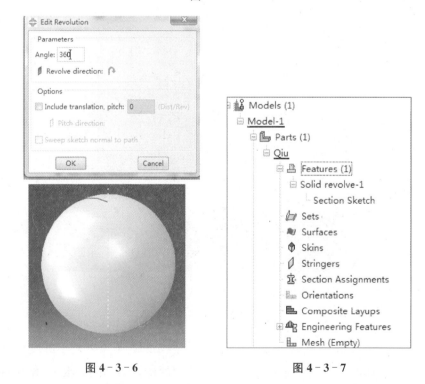

图 4-3-6　　　　　　　　　　图 4-3-7

创建钢板几何体。为部件命名为 Gangban,建立三维可变形实体,方式选择为拉伸方式,栅格尺寸输入 500,如图 4 - 3 - 8 所示。创建矩形框【Create Lines:Rectangle】,如图 4 - 3 - 9 所示,点选矩形框的两个对角点(-50,0)和(50,-10),得到一个 100×10 的矩形框,如图 4 - 3 - 10 所示。

图 4 - 3 - 8

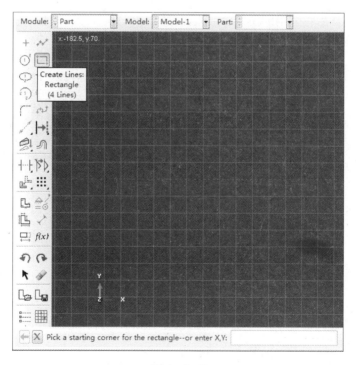

图 4 - 3 - 9

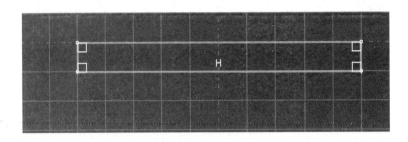

图 4 - 3 - 10

退出草图,确认后在弹出的窗口中输入深度【Depth】为 100,得到如图 4 - 3 - 11 所示的 $100\times100\times10$ 的钢板。

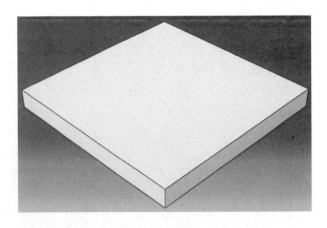

图 4 - 3 - 11

此时,在工具栏内部件 Part 下拉菜单内已经有 2 个部件,如图 4 - 3 - 12 所示。

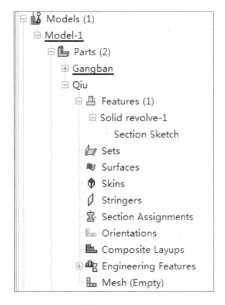

图 4 - 3 - 12

2. 定义属性

点选模块按键的【Module】中的【Property】，在这里设置材料属性。本题中两部件均为钢，与例 3 - 1 保持一致，定义材料密度 7.8×10^{-9} ton/mm³，弹性模量 2.07×10^5 MPa，泊松比 0.29。打开材料编辑窗口【Edit Material】，修改名称为 Steel，点选【General】—【Density】，打开密度设置表单，在【Mass Density】中输入 7.8E—9，如图 4 - 3 - 13 所示。

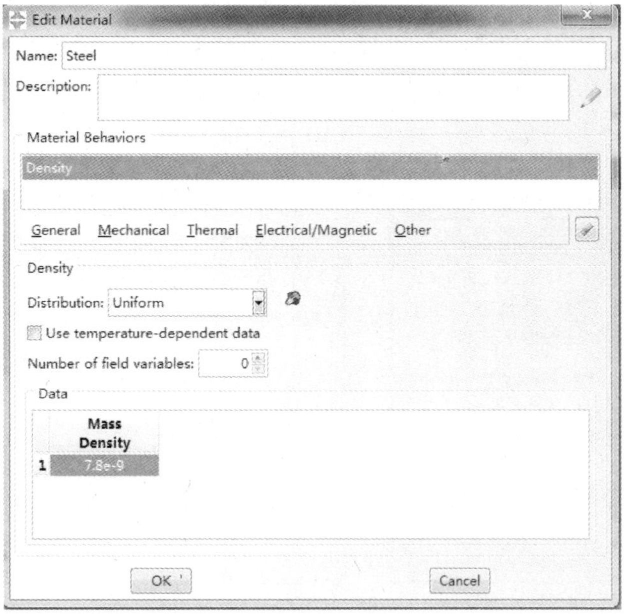

图 4 - 3 - 13

    分析过程为弹性变形过程,材料定义为完全弹性模型。点选【Mechanical】—【Elasticity】—【Elastic】,打开完全弹性材料模表单。【Type】选择各向同性【Isotropic】,弹性模量【Young's Modulus】输入 2E5,泊松比【Poisson's Ratio】输入 0.29,如图 4-3-14 所示。

图 4-3-14

    设置截面属性。创建截面【Create Section】,命名为 Steel。类别选择实体【Solid】,类型为同性【Homogeneous】。点击继续,在弹出的编辑对话框【Edit Section】中选择已定义的材料 Steel,如图 4-3-15 所示。

图 4-3-15

    为部件分配截面属性。点击【Assign Section】进入选择状态,用鼠标点选部件后确认,如图 4 - 3 - 16 所示,弹出【Edit Section Assign】,选择已创建的 Steel 截面。确定后退出,部件颜色从灰色变为绿色,表示部件已被赋予截面属性,具有材料特性,如图 4 - 3 - 17 所示。

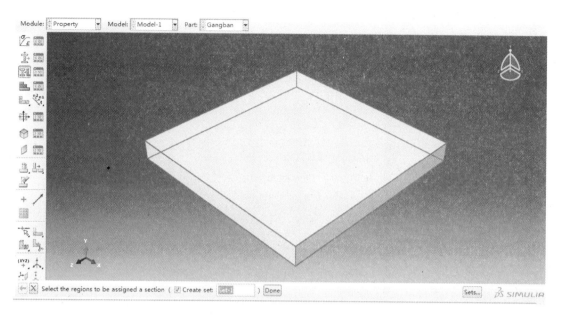

图 4 - 3 - 16

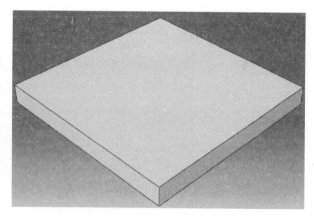

图 4 - 3 - 17

3. 定义装配体

在 Module 中打开 Assembly,点击【Create Instance】在装配体中插入部件。【Create instances from】里有两个选项,【Parts】表示部件从 Part 中取得,【Models】表示部件从 Model 中取得。此处选择 Parts 方式。【Instance Type】也有两种方式,【Dependent】在网格划分时需进入部件模块中进行,【Independent】网格划分时在装配体状态下直接进行,如图

4-3-18 所示。此处选择 Dependent 方式。在 Parts 表内点击两部件将部件导入装配体。

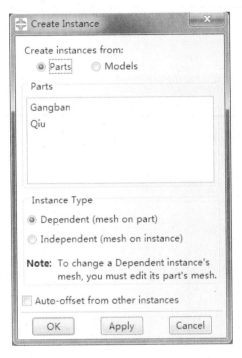

图 4-3-18

部件导入装配体后,空间位置保持创建时的原始位置,需要进行装配,调整两部件间的相对位置。按题目要求,球体位于钢板的中心位置,钢板表面到球心距离为 21(球体与钢板最小间距为 1),如图 4-3-19 所示。

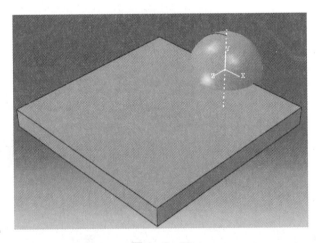

图 4-3-19

首先将球心移动到钢板中心。点击【Translate Instance】,在图形区选择球体后确定,如图 4-3-20 所示。

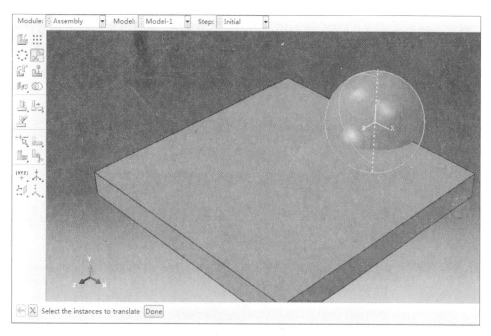

图 4 - 3 - 20

提示区内要求选择 1 个点作为基准点进行移动,这里选择球心点作为基准点。可以用鼠标直接点选,或是在提示条内输入(0,0,0),即为球心的坐标,两种方式确定基准点,如图 4 - 3 - 21 所示。

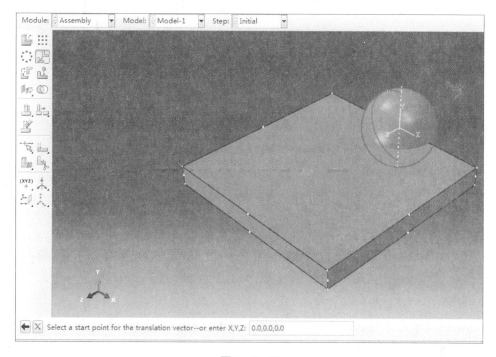

图 4 - 3 - 21

选择基准点后提示条变为如图 4-3-22 所示,提示选择结束点,即移动的目标位置点。球心需要移动到钢板的中心位置,而钢板中心位置无几何点,通过钢板生成过程推算可知其中心点为(0,0,50)。

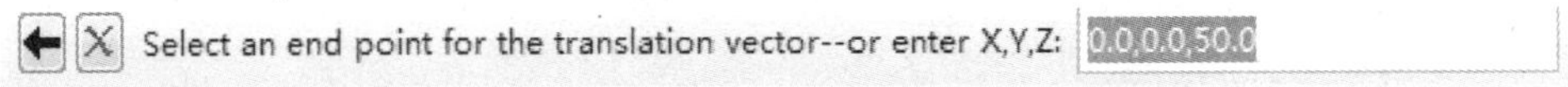

← X Select an end point for the translation vector--or enter X,Y,Z: 0.0,0.0,50.0

图 4-3-22

在提示条内输入该点坐标,回车后球心移动到钢板的中心,如图 4-3-23 所示。

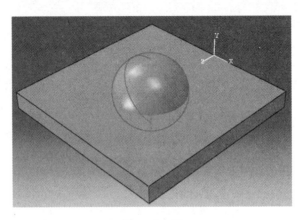

图 4-3-23

调整钢板与球体间的距离。重复前一步移动球心的过程,点击【Translate Instance】,选择球心,输入结束点坐标(0,21,50)。完成装配后得到如图 4-3-24 所示的装配体。

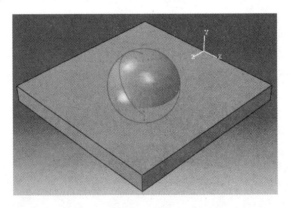

图 4-3-24

本题中由于没有标记点,所以目标点坐标依靠人工计算得到。因此,在建立部件时,关键点的坐标最好选择在特殊位置,便于装配时计算坐标位置。

4. 分析步

在 Module 中选择 Step 进入分析步设置。由于自由落体处于动态运动过程中,分析步选择【Dynamic,Explicit】进行计算,如图 4-3-25 所示。

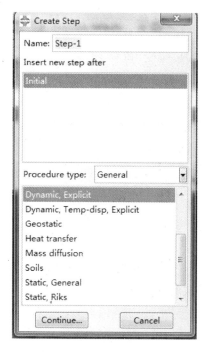

图 4 - 3 - 25

由于钢板与球体的最小间距仅为 1mm，接触马上发生。设置仿真计算时间为 0.2 s，这样可得到接触过程及后续过程情况。在计算过程中如果发现仿真时间已经足够，可随时终止计算。考虑到接触过程中可能出现形状较大的改变，打开大变形开关，将【Nlgeom】设置为【on】，完成 Step Manager 设置，如图 4 - 3 - 26 所示。

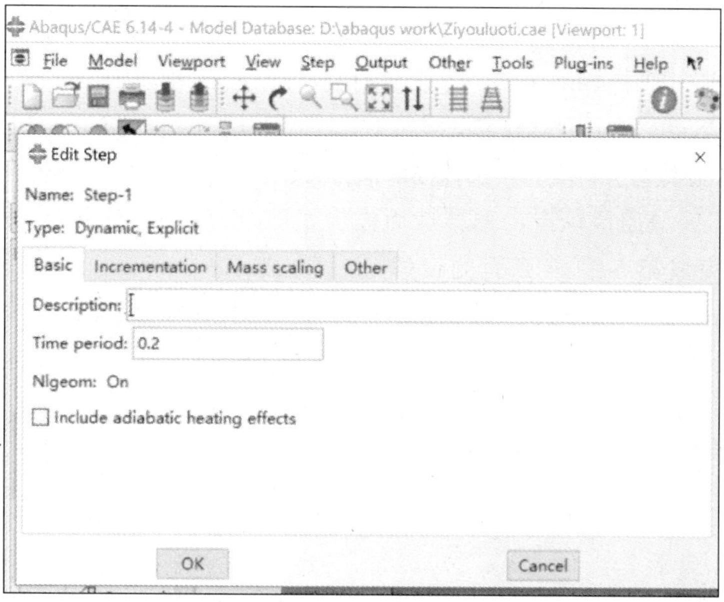

图 4 - 3 - 26

Step Manager 旨在确定仿真分析方法,还需要确定计算数据的输出和输出频率。ABAQUS提供多种数据的输出,包括应力、应变、位移、速度、加速度、力等。点击【Field Output Manager】—【Edit Field Output Request】,编辑输出信息。在【Domain】中设置后处理中输出的部件或区域,这里选择全部整体模型输出。在【Frequency】中设置数据输出的频率,ABAQUS提供多种数据输出记录方式,一般可选择平均间隔方式和按时间方式两种。平均间隔方式【Evenly spaced time interval】是按设置的仿真计算总时间,在【Interval】中设置分成的份数。这里计算总时长 0.2 s,按 200 份输出,即 0.001s 记录一次数据。按时间方式输出数据【Every x unites of time】,按相等的时间间隔输出数据。如在【x】中填写 0.001,表示每 0.001s 记录一次计算数据。在【Timing】中选择【Output at approximate times】,按分析步的时间取与定义相

图 4 - 3 - 27

近的时间点记录结果数据。在【Output Variables】中选择【Preselected defaults】,再根据需要删除不重要的数据,如图 4 - 3 - 27 所示。数据量的多少影响仿真计算消耗的时间。本例选择输出:应力、应变、位移、速度、加速度、力和接触力。

5. 接触作用

在模块选项中选择【Interaction】设置球体与钢板的接触作用。点击【Interaction Manager】—【Create Interaction】定义接触关系,在【Step】中选择【Step - 1】,即接触从分析步 1 开始计算。在接触分析类型中选择面对面方式【Surface-to-surface contact（Explicit）】,点击继续。在图形区域用鼠标点击选择球面作为主面,钢板上表面作为从面。打开【Edit Interaction】已完成第 1 和第 2 面的设置,在【Mechanical constraint formulation】选择【Kinematic contact method】,在【Sliding formulation】中选择【Finite sliding】。定义【Contact interaction property】,点击右侧按键进入【Create Interaction Property】,提供多种交互作用方式,选择【Contact】方式。确认后回到【Edit Interaction】窗口,点击确认后退出,完成接触关系定义,如图 4 - 3 - 28 所示。

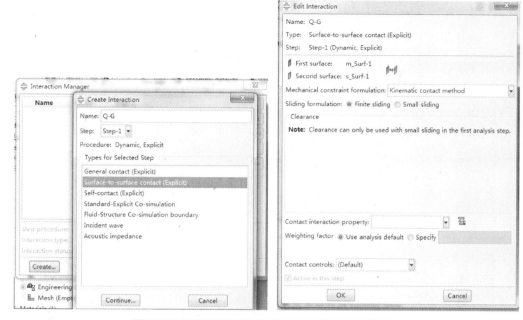

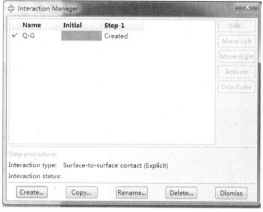

图 4 - 3 - 28

6. 边界条件和载荷

在模块选项中选择【Load】,打开边界条件和载荷设置界面。点击【Create Boundary Condition】创建边界约束条件。名称可不进行修改,采用默认的 BC-1,分析步选择【Step-1】。选择【Mechanical】—【Displacement/Rotation】,点击继续。用鼠标在图形区域选择钢板的下表面确认后进入【Edit Boundary Condition】对话框,点选 U2 左侧的空白框,在右侧框中输入 0,表示约束了钢板下表面的 Y 方向(竖直方向)位移,其他方向的位移未做约束。完成钢板的位移约束,如图 4 - 3 - 29 所示。

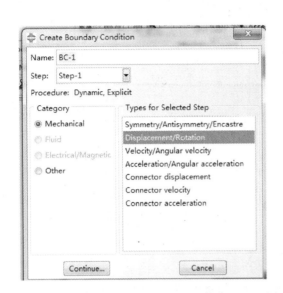

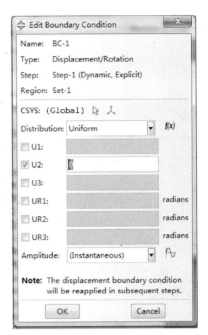

图 4 - 3 - 29

　　设置球体在重力作用下做自由落体运动。打开【Create Load】对话框,设置分析步为【Step - 1】。由于本题需要考虑重力作用,选择【Mechanical】—【Gravity】,点击继续打开载荷编辑窗口。在【Distribution】中选择【Uniform】,重力方向选择【Component 2】,即 Y 方向。重力指向 Y 轴负方向,在其右侧框内输入—9.8E3,负号表示坐标轴负方向, 9.8E3 意为 $9.8 \times 10^3 \, \text{mm/s}^2$,即重力加速度。【Amplitude】选择【Instantaneous】,确认退出,如图 4 - 3 - 30 所示。

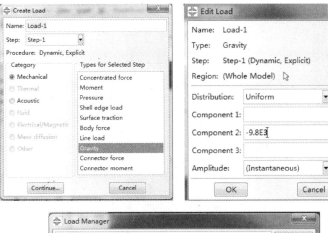

图 4 - 3 - 30

在这里完成了钢板的约束,球体所受重力加速度的设置。

点击【Create Predefined Field】设置初始条件。在【Step】中选择【Initial】分析步,选择
【Mechanical】和【Velocity】后点击继续,如图 4 - 3 - 31 所示,选择球体后进入编辑窗口,如
图 4 - 3 - 32 所示。球体运动方向沿 Y 负半轴,在 V2 后输入—2130,即 Y 轴负半轴方向速
度 2.13 m/s,完成载荷设置。

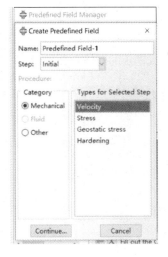

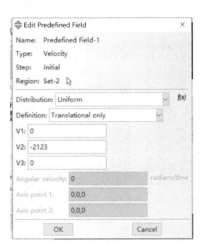

图 4 - 3 - 31   图 4 - 3 - 32

7. 网格划分

进行有限元计算还需要对所有部件完成网格划分。在模块中选择【Mesh】,在【Object】中选择【Part】,在后面的下拉菜单中选择钢板部件,在图形区域出现钢板部件,如图 4 - 3 - 33 所示。

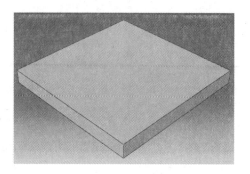

图 4 - 3 - 33

点击【Seed Part】打开【Global Seeds】,在【Approximate global size】中输入 2,即单元边长尺寸为 2。后面的选项不需要修改,完成后退出,如图 4 - 3 - 34 所示。

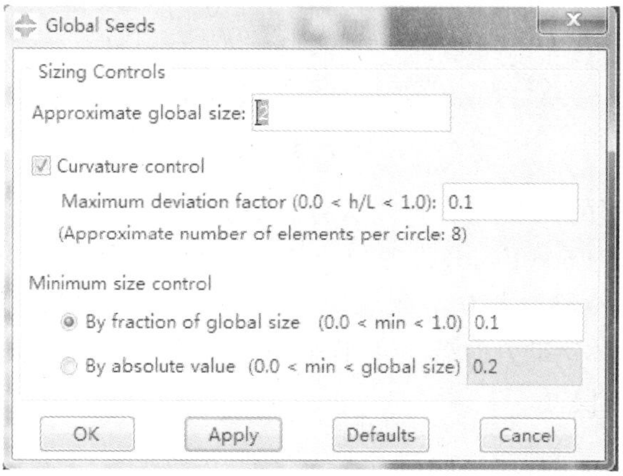

图 4 - 3 - 34

点击【Mesh Part】,用鼠标选中钢板部件,确认后完成钢板的网格划分,如图 4 - 3 - 35 所示。

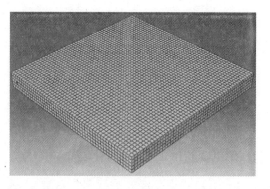

图 4 - 3 - 35

点击【Assign Element Type】用鼠标框选部件整体，进行单元类型分配。点选【Explicit】，【Family】中选择【3D Stress】，确认后退出，如图 4-3-36 所示。

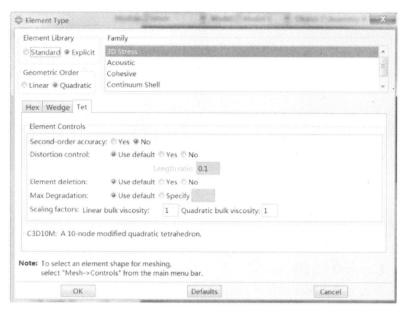

图 4-3-36

在【Object】的【Part】下拉菜单中选择球体，完成球体的网格配置。

> **注意**　　可划分网格的部件显示为绿色，球体不能采用六面体网格划分，采用四面体网格。

点击上方工具条中【Seed】—【Control】，打开【Mesh Controls】对话框。【Element Shape】中选择四面体【Tet】，其他选项采用默认，如图 4-3-37 所示。

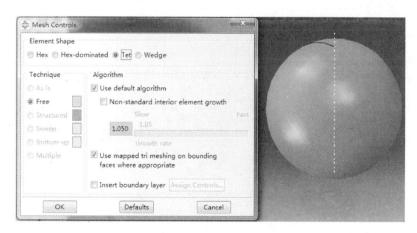

图 4-3-37

打开【Global Seeds】，在【Approximate global size】中输入 1。重复钢板的单元网格类型分配过程，完成球体的网格类型设置，如图 4-3-38 所示。

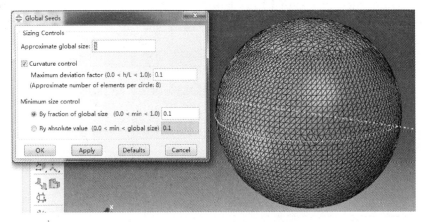

图 4 - 3 - 38

8. 任务提交

在模块中选择【Job】,点击创建任务【Create Job】。在【Name】后输入 Ziyouluoti,【Source】中选择 Model 方式,下方框内选择【Model - 1】,为题目创建一个名为自由落体的任务,如图 4 - 3 - 39 所示。

点击继续后进入【Edit Job】对话框。在【Job Type】中选择【Full analysis】,【Run Mode】中选择【Background】,其他采用默认方式。确认后退出。

图 4 - 3 - 39

设置完成后点击【Submit】提交计算任务,任务栏状态更新为 Running,如图 4 - 3 - 40 所示。点击【Monitor】可打开监视窗口,在其中可观察计算进度。可得到时间步数、总时间、系统能量等相关数据,如图 4 - 3 - 41 所示。

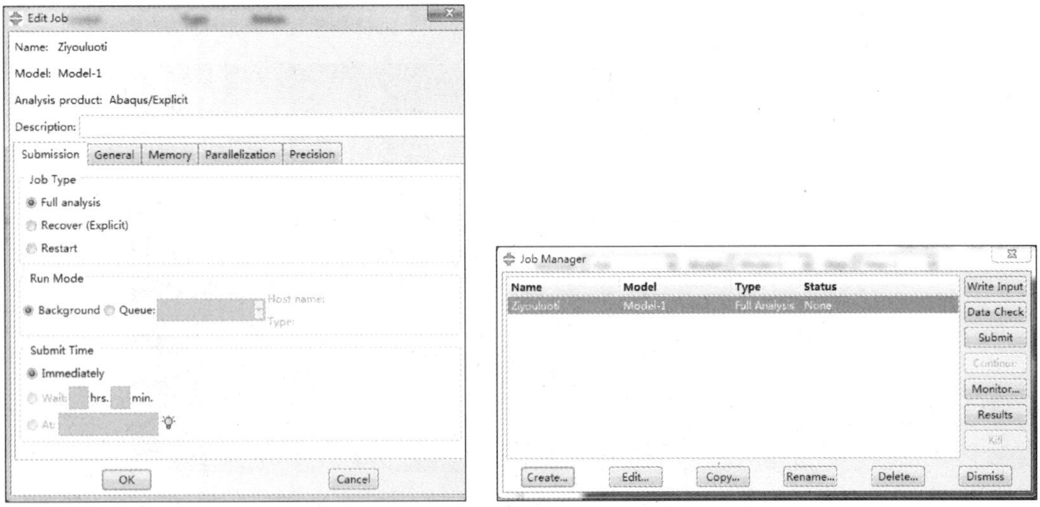

图 4 - 3 - 40

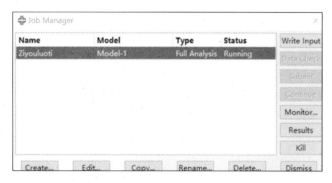

图 4 - 3 - 41

点击【Job Manager】窗口中的【Result】可直接进入后处理模块。进入后处理模块观察到在 0.3ms 时刻,球体与钢板间完成接触过程。已经完成计算任务,可以结束计算。回到【Job】模块,在【Job Manager】中点击【Kill】,计算终止。

9. 后处理

在模块中选择【Visualization】打开后处理窗口。点击【Plot Contours on Deformed Shape】以云图方式显示。在上方菜单栏中选择 S 和 Mises,如图 4 - 3 - 42 所示,则显示云图为 Mises 应力云图。图形区域部件网格较密,影响结果的显示,将网格线全部隐藏。在菜单栏点击【Option】—【Common】,打开对话框。在【Visible Edges】中选择【No edges】,如图 4 - 3 - 43 所示,确认后退出。

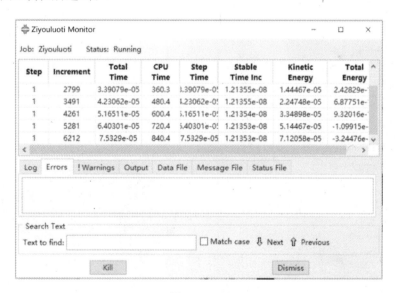

图 4 - 3 - 42

图 4 - 3 - 43

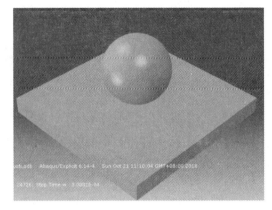

图 4 - 3 - 44

为了在文档中更清晰地显示，可将背景调成白色。在菜单栏中点击【View】—【Graphic Option】，打开对话框。在【Viewport Background】中将【Top】和【Bottom】均设置为白色。由此，整个图形区域背景修改为白色，如图 4 - 3 - 45 所示。

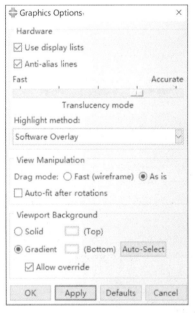

图 4 - 3 - 45

为了清楚地观察球体内部应力应变情况，对球体和体做剖切处理。点击【View Cut Manager】，选择 Z - Plane，得到如图 4 - 3 - 46 所示的剖视图。

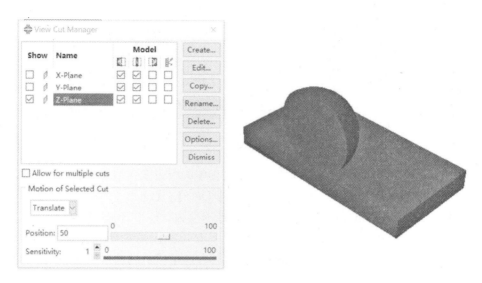

图 4 - 3 - 46

点击【Apply Front View】，以前视图方式显示图形，如图 4 - 3 - 47 所示。

图 4 - 3 - 47

点击【Plot Contours on Deformed Shape】，显示应力云图。每 0.05ms 输出应力云图如图 4 - 3 - 48 所示。

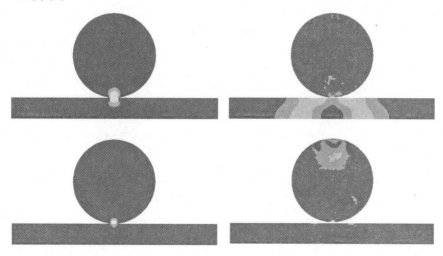

图 4 - 3 - 48

图中显示了球体与钢板从接触开始到分离过程中的应力变化情况。

以曲线形式显示应力情况。点击【Create XY Data】—【ODB Field Output】打开对话框。选择【Position】为【Integration Point】,选择输出项为 LE 和 S,即应变和应力。点击右侧的【Element/Nodes】,在图形区域选择球体最下方与钢板接触单元为输出单元。点击【Save】退出。点击【XY Data Manager】,打开对话框,这里显示的是根据要求保存的点的应力和应变数据,如图 4 - 3 - 49 所示。

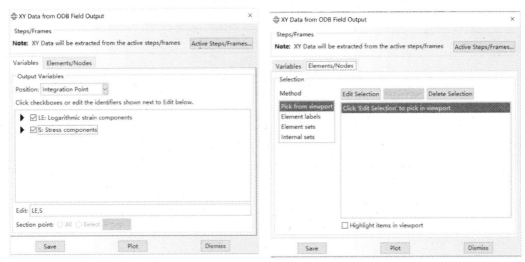

图 4 - 3 - 49

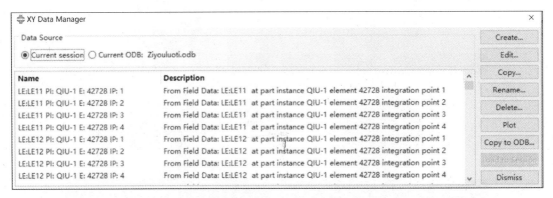

Y 轴方向为主要受力方向,选择点单元 42728 中的点 1,点击【Plot】输出其 S22 方向的

应力变化情况。由应力的变化情况可知,球体与钢板的冲击接触过程大约持续 0.12 ms,如图 4-3-50 所示。

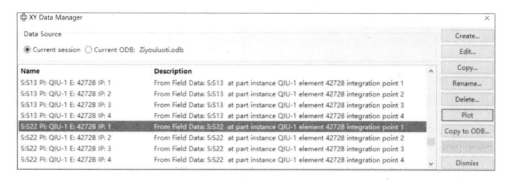

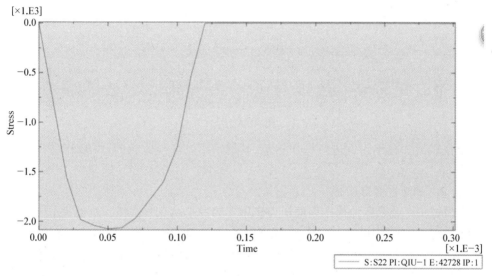

图 4-3-50

在【XY Data Manager】对话框中选择输出方式为【Edit】,则输出为列表方式的数据组,可从这里直接复制数据到电子表格等文件中,进行相应的编辑,如图 4-3-51 所示。

在【Create XY Data】中选择【Operate on XY data】,点击继续,可对数据进行运算编辑,如图 4-3-52 所示。

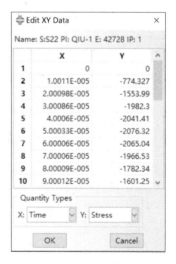

图 4-3-51

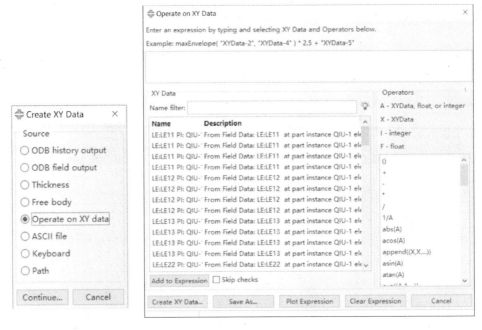

图 4-3-52

这里仅以应力输出为例进行操作示范,其他输出方法与此相同,可参照以上方法进行操作。

例 4-2　弹塑性变形问题

本题模拟一个合金电池筒在表面压力作用下的弹塑性变形过程。初始状态所有表面受到 30 MPa 压力,之后在 0.1 s 内受到 0~30 MPa 的附加压力。电池筒剖视图如图 4-3-53所示。材料为合金钢,密度 $7.8×10^3$ kg/m³,弹性模量 187.7GPa,泊松比 0.27。

	塑性应力	塑性应变
1	1 070 MPa	0
2	1 150 MPa	0.2

使用基本单位:mm,ton,s。输出单元:N,MPa。

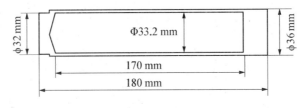

图 4-3-53

在 SolidWorks 中建立电池筒几何模型,保存格式为 iges。新建 ABAQUS 文件,将文件导入 Model 下的 Part 中。点击 Part 右键点击【Import】,如图 4-3-54 所示,在弹出窗口中选择几何模型文件,如图 4-3-55 所示,将几何体导入 ABAQUS 中,如图 4-3-56 所示。

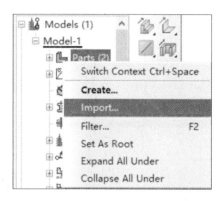

图 4 - 3 - 54

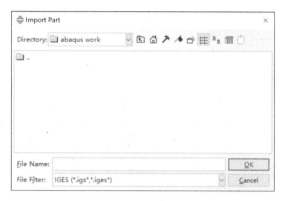

图 4 - 3 - 55

图 4 - 3 - 56

在模块中选择 Property 进入属性设置。点击【Create Material】,在对话框中输入密度 7.8E - 9,如图 4 - 3 - 57 所示。

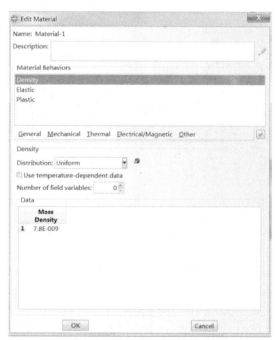

图 4 - 3 - 57

    选择线弹性材料,在【Young's Modulus】中输入 213000,在【Poisson's Ratio】中输入 0.27,完成材料弹性段设置,如图 4 - 3 - 58 所示。

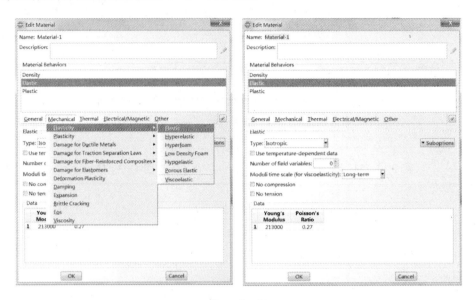

图 4 - 3 - 58

    选择塑性材料模型,在【Yield Stress】中输入 1070 和 1150,在【Plastic Strain】中输入 0 和 0.2,如图 4 - 3 - 59 所示。

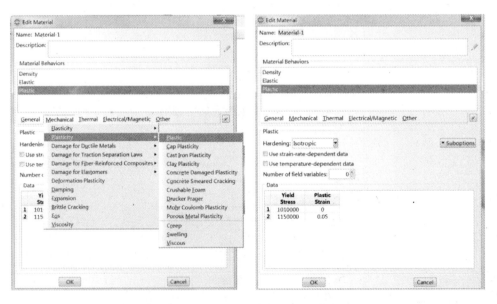

图 4 - 3 - 59

    建立截面属性,选择材料 1,即前面创建的弹塑性材料,截面特性为各向同性。将截面属性赋给部件,如图 4 - 3 - 60 和图 4 - 3 - 61 所示。

图 4 - 3 - 60

图 4 - 3 - 61

在模块中选择【Assembly】,将部件导入图形区域,如图 4 - 3 - 62 所示。

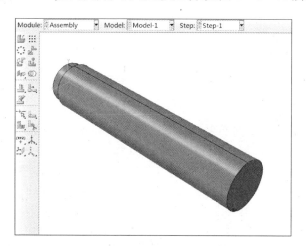

图 4 - 3 - 62

在模块中选择【Step】模式,进行分析步设置。选择分析步为 Dynamic/Explicit,仿真时间长度为 0.1 s,如图 4 - 3 - 63 所示。

图 4 - 3 - 63

点击【Create Field Output】，设置输出数据。输出整个模型区域，输出数据按单位时间输出，单位时间设置为 1E - 4s。输出数据物理量包括加速度、速度、位移、应力、应变、塑性变形等，如图 4 - 3 - 64 所示。

图 4 - 3 - 64

在模块中选择 Load 模式进行载荷设置。点击【Create Load】编辑载荷，选择部件所有外表面，在 Magnitude 中写入 30，表示增益为 30 MPa，如图 4 - 3 - 65 所示。点击 Amplitude 创建表格【Tabular】格式的曲线，按此方式加载。点击"继续"键编辑幅值曲线，时间输入 0 和 0.1 两个点，幅值输入 1，表示 30 MPa 的压力从 0 到 0.1 时刻一直作用在表面上，如图 4 - 3 - 66 所示。

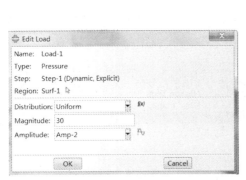

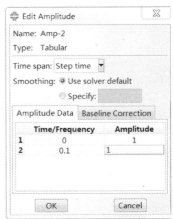

图 4 - 3 - 65   图 4 - 3 - 66

再次点击【Create Load】,选择所有外表面,如图 4 - 3 - 67 所示。在载荷编辑对话框 Magnitude 写入 1,表示增益为 1。创建曲线 Amp - 1,输入 0 和 0.1 两个时间节点,分别输入 幅值 0 和 30,表示从 0 到 0.1 时间段内附加压力从 0 线性增加到 30,如图 4 - 3 - 68 所示。

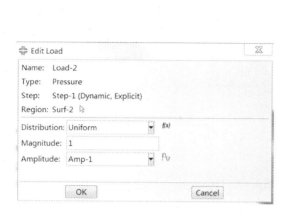

图 4 - 3 - 67

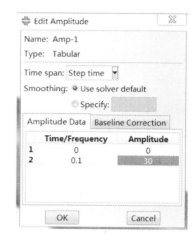

图 4 - 3 - 68

在模块中选择 Mesh 进入网格划分。点击【Global Seeds】设置大体单元尺寸,此处设置 为 1,如图 4 - 3 - 69 所示。

部件部分区域形状变化不规则,采用 4 面体网格进行整体划分。在菜单栏点击【Mesh】— 【Controls】,打开网格控制对话框。选择单元形状为 Tet 四面体,确定后退出,如图 4 - 3 - 70 所示。

图 4 - 3 - 69

图 4 - 3 - 70

点击 Mesh Part 按键,选择整个部件,点击 OK 完成网格划分。点击 Assign Element Type,选择部件整体,进入单元类型对话框。选择 Explicit - 3D Stress,确认后退出,如图 4 - 3 - 71 所示。

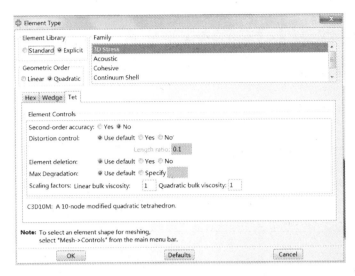

图 4 - 3 - 71

在模块中选择【Job】进入任务模块。定义任务名为EP-1。点击继续编辑任务,这里按默认选项,直接点击OK,如图 4 - 3 - 72 所示。

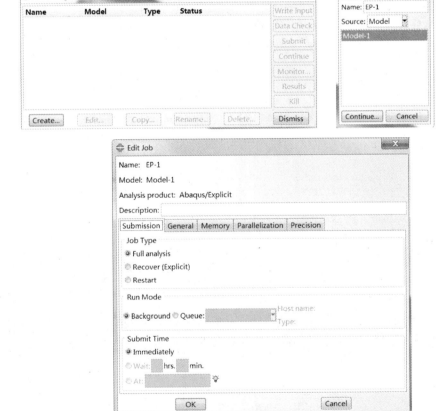

图 4 - 3 - 72

回到任务管理框后,EP-1任务已经出现在内容中,如图4-3-73所示。点击Submit,提交任务。任务开始计算,状态显示为运行中。点击【Monitor】打开监视窗口,随时了解计算进度,如图4-3-74所示。

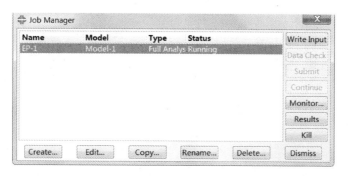

图4-3-73

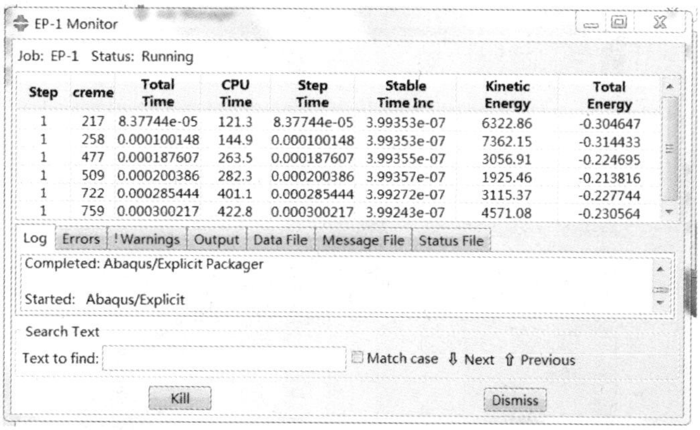

图4-3-74

可通过点击任务管理器中的【Result】直接进入后处理模块,或在模块中选择【Visualization】进入后处理界面。部件内部无法观察,点击【View Cut Manager】,选择Y-Plane,沿Y轴方向将部件剖开,如图4-3-75所示。

图4-3-76至图4-3-78中显示的是在0.5 ms时刻部件的应力、应变、塑性应变云图。由图可知,应力最大值为362 MPa,应变最大值为1.719×10^{-3},应力和应变值均较小。此时由于应力较小没有达到材料的塑性变形应力,塑性应变云图数据为0。

图4-3-75

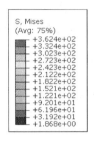

图 4 - 3 - 76

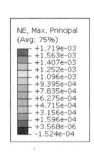

图 4 - 3 - 77

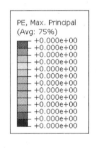

图 4 - 3 - 78

随着时间的增加,载荷不断加大,塑性变形开始出现。为了观察结果与时间的关系,可以建立 XY Data 数据表,以曲线的形式输出物理量与时间的关系。点击【Create XY Data】—【ODB field output】,建立场输出的数据曲线,如图 4 - 3 - 79 所示。

点击"继续",打开编辑对话框。在 Variables 下选择 Position 为 Element Nodal 输出所选单元节点的数据。本例单元为四面体,每个单元 4 个节点,即每选择一个单元输出 4 个节点的数据。在对话框中选择输出数据为:PE、NE、PEEQ、S,即塑性应变、等效塑性应变、应变、应力,如图 4 - 3 - 80 所示。

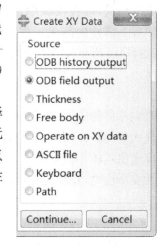

图 4 - 3 - 79

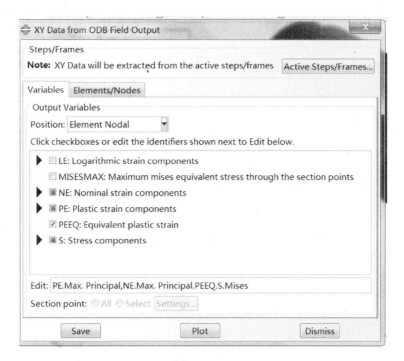

图 4 - 3 - 80

在对话框中点击【Elements/Nodes】，用鼠标在图形区域中选择部件的一个单元。点击保存后执行所选单元相关数据的保存工作，如图 4 - 3 - 81 所示。

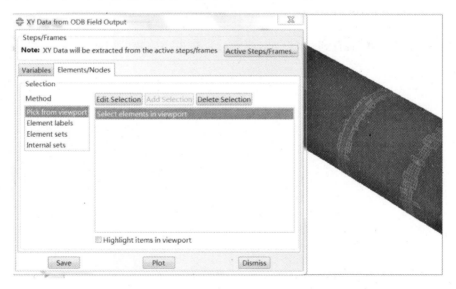

图 4 - 3 - 81

点击【XY Data Manager】，打开数据编辑窗口，如图 4 - 3 - 82 所示。选择应变 NE 点击【Plot】输出应变曲线。需要同时输出多条曲线，可在按下 Shift 键的同时选择相应数据进行输出，如图 4 - 3 - 83 所示。

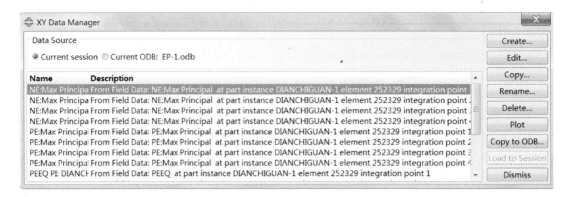

图 4 - 3 - 82

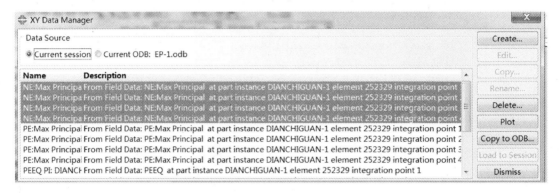

图 4 - 3 - 83

由图 4 - 3 - 84 可知,直到 0.06s 前,应变一直在很小的幅度内波动,0.06s 后开始大幅度变化。

图 4 - 3 - 84

选择 4 个点的塑性应变 PE 进行输出,如图 4-3-85 所示。

图 4-3-85

选择 4 个点的等效塑性应变 PEEQ 进行输出,如图 4-3-86 所示。

图 4-3-86

选择应力 S 输出。应力值波动较大,在 0.6 s 后突然变小,如图 4-3-87 所示。

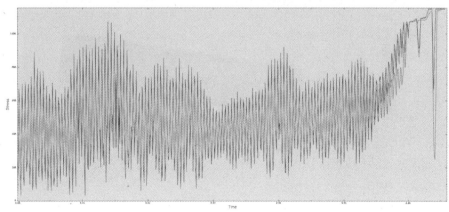

图 4-3-87

　　观察塑性应变的云图可知,塑性应变在 11ms 开始出现,最大值为 0.015%。按加载情况,此时外表面压力为 33 MPa,如图 4-3-88 所示。

图 4-3-88

　　在 20 ms 时增大,此时压力为 36 MPa,塑性应变最大值为 0.15%,如图 4-3-89 所示。

图 4-3-89

　　在 30 ms 时,此时压力为 39 MPa。塑性应变最大值为 0.28%,如图 4-3-90 所示。

图 4-3-90

　　在 40 ms 时,此时压力为 42 MPa。塑性应变最大值为 0.28%,在这段加载过程中塑性应变区域变大,但塑性应变最大值不变,如图 4-3-91 所示。

图 4-3-91

　　在 50 ms 时,此时压力为 45 MPa。塑性应变最大值为 0.28%,在此加载过程中塑性应变区域继续变大,如图 4-3-92 所示。

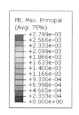

图 4 - 3 - 92

在 60 ms 时，此时压力为 48 MPa。塑性应变最大值为 13.6%。此时的塑性变形非常明显，如图 4 - 3 - 93 所示。

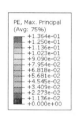

图 4 - 3 - 93

在 62 ms 时，压力为 48.6 MPa。塑性应变已增大到 35.8%，继续加载计算不收敛，仿真计算退出，如图 4 - 3 - 94 所示。

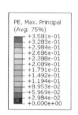
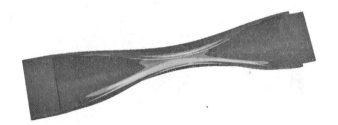

图 4 - 3 - 94

在工具栏中选择【Primary】—【S】—【Mises】，进行应力值输出，如图 4 - 3 - 95 所示。

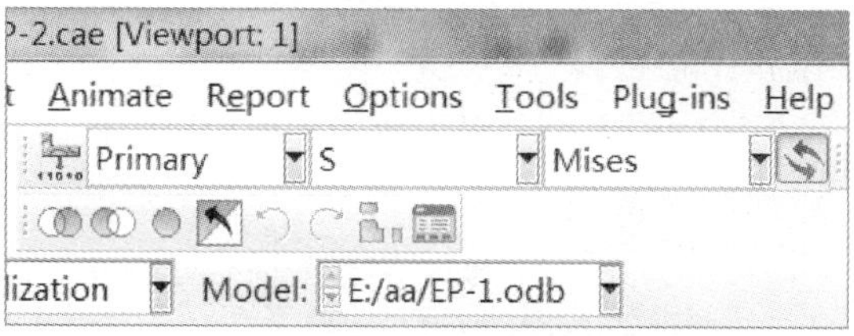

图 4 - 3 - 95

在工具栏中点击【Result】—【Step/Frame】，选择第 620 步即 62ms 时刻，如图 4 - 3 - 96 所示。

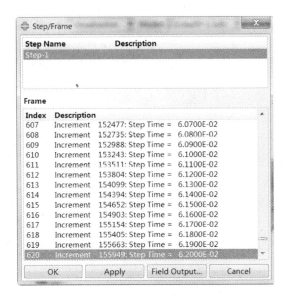

图 4 - 3 - 96

图 4 - 3 - 97 为 62 ms 时刻,部件 Mises 应力。

图 4 - 3 - 97

在工具栏中选择【Primary】—【PEEQ】,进行塑性等效应变值输出,如图 4 - 3 - 98 所示。

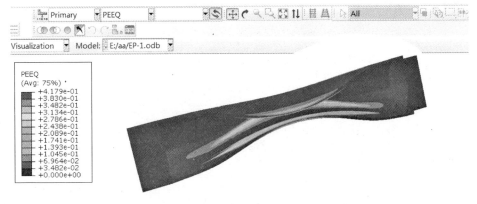

图 4 - 3 - 98

在工具栏中选择【Primary】—【NE】,输出应变云图,如图 4-3-99 所示。

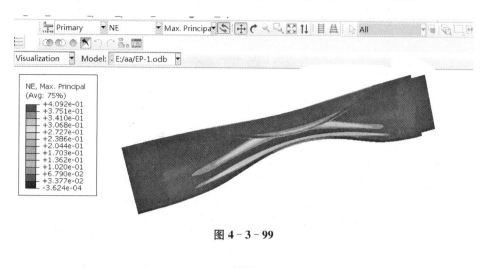

图 4-3-99

习　题

平面四杆机构。机架杆长 200mm,曲柄长 60mm,连杆长 120mm,摇杆长 150mm,杆的厚度为 5 mm。曲柄为主动件,转速每分钟 10 转。各杆材料取为钢材,密度 $7.8 \times 10^3 \, \text{kg/m}^3$,弹性模量 200GPa,泊松比 0.3。在 ABAQUS 中建立平面四杆机构模型,计算各杆件受力和变形情况。

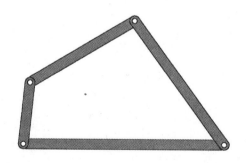

参考文献

［1］文鼎教育集团. SolidWorks 高级教程［M］,2016.

［2］藏风纳海. SolidWorks 三维建模及工程图实验指导书［DB/OL］.［2018-11-20］. https://wenku.baidu.com/view/655e0d1fa300a6c30c229f3c.html.

［3］陈立平. 机械系统动力学分析及 ADAMS 应用［M］,北京:清华大学出版社,2005.

［4］美国 ABAQUS 软件公司. ABAQUS 中文手册［M］,2016.